Nongjixiuligong

职业技能培训鉴定教材

农机修理工

（高级）

主　编　成　斌　李成松
副主编　倪向东　王丽红
编　者　江英兰　付　威　戚江涛　温宝琴
　　　　丛锦玲
主　审　张立新

中国劳动社会保障出版社

图书在版编目(CIP)数据

农机修理工：高级/人力资源和社会保障部教材办公室组织编写．—北京：中国劳动社会保障出版社，2016

职业技能培训鉴定教材

ISBN 978-7-5167-2340-1

Ⅰ.①农… Ⅱ.①人… Ⅲ.①农业机械-机械维修-职业技能-鉴定-教材 Ⅳ.①S220.7

中国版本图书馆 CIP 数据核字(2016)第 034355 号

中国劳动社会保障出版社出版发行

(北京市惠新东街 1 号　邮政编码：100029)

＊

北京市白帆印务有限公司印刷装订　　新华书店经销

787 毫米×1092 毫米　16 开本　10.75 印张　228 千字

2016 年 2 月第 1 版　　2019 年 7 月第 2 次印刷

定价：25.00 元

读者服务部电话：(010)64929211/84209101/64921644

营销中心电话：(010)64962347

出版社网址：http://www.class.com.cn

版权专有　　侵权必究

如有印装差错，请与本社联系调换：(010)81211666

我社将与版权执法机关配合，大力打击盗印、销售和使用盗版图书活动，敬请广大读者协助举报，经查实将给予举报者奖励。

举报电话：(010)64954652

内容简介

本教材以《国家职业标准·农机修理工》为依据，结合新疆生产建设兵团农机修理技术进行编写。教材在编写过程中紧紧围绕"以企业需求为导向，以职业能力为核心"的编写理念，力求突出职业技能培训特色，满足职业技能培训与鉴定考核的需要。

本教材详细介绍了高级农机修理工要求掌握的最新实用知识和技术。全书主要内容包括：基础知识、常用修理设备和检测设备、拖拉机故障诊断与排除、零件鉴定与修复、机器修理与调试、大功率轮式拖拉机的维护与保养、机器维修后质量检测、维修设备的使用与维护、机械维修企业管理等。

本教材是高级农机修理工职业技能培训与鉴定考核用书，也可供相关人员参加就业培训、岗位培训使用。

前　　言

为满足各级培训、鉴定部门和广大劳动者的需要，人力资源和社会保障部教材办公室、中国劳动社会保障出版社在总结以往教材编写经验的基础上，联合新疆生产建设兵团人力资源和社会保障局、兵团农业局和兵团职业技能鉴定中心，依据国家职业标准和企业对各类技能人才的需求，研发了农业类系列职业技能培训鉴定教材，涉及农艺工、果树工、蔬菜工、牧草工、农作物植保员、家畜饲养工、家禽饲养工、农机修理工、拖拉机驾驶员、联合收割机驾驶员、白酒酿造工、乳品检验员、沼气生产工、制油工、制粉工等职业和工种。新教材除了满足地方、行业、产业需求外，也具有全国通用性。这套教材力求体现以下主要特点：

在编写原则上，突出以职业能力为核心。教材编写贯穿"以职业标准为依据，以企业需求为导向，以职业能力为核心"的理念，依据国家职业标准，结合企业实际，反映岗位需求，突出新知识、新技术、新工艺、新方法，注重职业能力培养。凡是职业岗位工作中要求掌握的知识和技能，均作详细介绍。

在使用功能上，注重服务于培训和鉴定。根据职业发展的实际情况和培训需求，教材力求体现职业培训的规律，反映职业技能鉴定考核的基本要求，满足培训对象参加各级各类鉴定考试的需要。

在编写模式上，采用分级模块化编写。纵向上，教材按照国家职业资格等级编写，各等级合理衔接、步步提升，为技能人才培养搭建科学的阶梯型培训架构。横向上，教材按照职业功能分模块展开，安排足量、适用的内容，贴近生产实际，贴近培训对象需要，贴近市场需求。

本系列教材在编写过程中得到新疆生产建设兵团人力资源和社会保障局、兵团农业局和兵团职业技能鉴定中心的大力支持和热情帮助，在此一并致以诚挚的谢意。

编写教材有相当的难度，是一项探索性工作。由于时间仓促，不足之处在所难免，恳切希望各使用单位和个人对教材提出宝贵意见，以便修订时加以完善。

人力资源和社会保障部教材办公室

目 录

第1单元 基础知识 1—13
第一节 机械零件测绘基本知识/2
第二节 修理用工具和夹具的设计/6

第2单元 常用修理设备和检测设备/15—27
第一节 常用修理设备/16
第二节 常用检测设备/22

第3单元 拖拉机故障诊断与排除/29—48
第一节 故障诊断概念/30
第二节 发动机功率不足/31
第三节 发动机串机油/32
第四节 发动机烧瓦/33
第五节 发动机拉缸/34
第六节 发动机比油耗高/35
第七节 发动机曲轴断轴/36
第八节 悬挂系统提升无力/36
第九节 轮式拖拉机的常见故障与排除/42

第4单元 零件鉴定与修复/49—73
第一节 零件的鉴定/50
第二节 零件的修复/61

第5单元 机器修理与调试/75—126
第一节 发动机修理与调试/76
第二节 燃油系统修理与调试/93

第三节　底盘修理与调试/97
第四节　电气设备修理与调试/103
第五节　液压系统修理与调试/112
第六节　作业机械修理与调试/118

第6单元　大功率轮式拖拉机的维护与保养/127—136

第一节　拖拉机的使用与管理/128
第二节　大功率轮式拖拉机的技术保养/130
第三节　大功率轮式拖拉机燃油、润滑油和冷却液的使用/133

第7单元　机器维修后质量检测/137—147

第一节　机器修后试验运转规范/138
第二节　拖拉机、农用汽车大修后的试运转/138
第三节　修后质量检验/139

第8单元　维修设备的使用与维护/149—154

第一节　主要修理设备工作精度检验/150
第二节　主要测试仪器检查修理与校准/151

第9单元　机械维修企业管理/155—163

第一节　生产管理/156
第二节　质量管理/159
第三节　成本核算/160
第四节　常用的技术经济指标/162

第1单元

基础知识

- 第一节　机械零件测绘基本知识 /2
- 第二节　修理用工具和夹具的设计 /6

第一节　机械零件测绘基本知识

一、机械零件测绘的定义

测绘就是根据实物，通过测量，绘制出实物图样的过程。测绘与设计不同，测绘是先有实物，再画出图样；而设计一般是先有图样后有样机。如果把设计工作看成是构思实物的过程，那么机械零件测绘工作可以说是一个认识机械零件和再现零件实物的过程。

二、零件测绘的种类

1. 零件设计测绘

测绘为了设计。根据需要对原有设备的零件进行更新改造，这些测绘多是从设计新产品或更新原有产品的角度进行的。

2. 零件修理测绘

测绘为了修配。零件损坏，又无图样和资料可查时，需要对坏零件进行测绘。

3. 产品仿制测绘

测绘为了仿制。为了学习先进，取长补短，常需要对先进的产品进行测绘，以便制造出更好的产品。

因此，基于农机设备零件修理测绘的特点如下：农机设备修理测绘的对象一般都是磨损和破坏了的零件，因此测绘时要分析零件磨损和破坏的原因并采取适当的措施；农机设备修理测绘的尺寸是实际所需要的尺寸，这个尺寸要保证零件的配合间隙和设备的精度要求，此外对于哪些尺寸应该配作也需作恰当的分析，否则容易造成废品；农机设备修理测绘工作要了解和掌握修理技术，要善于应用修理技术以缩短修理时间和降低修理费用；农机设备修理测绘人员不仅要对修换零件提供可靠的图样，还应根据磨损和破坏情况积累知识，找出规律，并对原设备提出改进方案，以扩大设备的使用性能及提高产品的加工质量。

三、机械零件草图的绘制

零件测绘工作常在设备的现场进行，受条件限制，零件草图的绘制一般是在测绘现场进行的。因绘图的条件不如办公室方便，特别是面对被测件在没有尺寸的情况下进行画图工作，所以绝大多数是绘制草图。一般先绘制出零件草图，然后根据零件草图整理出零件工作图。因此，零件草图绝不是潦草图。

徒手绘制的图样称为草图，它是不借助绘图工具，用目测来估计物体的形状和大小，徒手绘制机械零件及部件的图样。在讨论设计方案、技术交流及现场测绘中，经常需要快速地绘制出草图，因此，徒手绘制草图是工程技术人员必须具备的基本技能。

零件草图的内容与零件工作图相同，只是线条、字体等为徒手绘制。

徒手绘制的草图应做到：线型分明、比例均匀、字体端正、图面整洁。

1. 徒手画草图的基本方法

（1）握笔的方法

手握笔的位置要比用绘图仪绘图时高些，以利于运笔和观察目标。笔杆与纸面成 45°～60°角。持笔稳而有力。一般选用 HB 或 B 的铅笔，用印有方格的图纸绘图。

（2）直线的画法

画直线时，握笔的手要放松，手腕靠着纸面，沿着画线的方向移动，眼睛注意线的终点方向，以便于控制图线。

画水平线时，图纸可放斜一点，将图纸转动到画线最为顺手的位置。画垂直线时，自上而下运笔。画斜线时可以转动图纸到便于画线的位置。画短线时，常用手腕运笔，画长线时则依靠手臂的动作。

（3）圆和曲线的画法

画圆时，先定出圆心的位置，过圆心画出互相垂直的两条中心线，再在对称中心线上距圆心等于半径处目测截取四点，过四点分段画成。画稍大的圆时，可加画一对十字线，并同时截取四点，过八点画圆。

对于椭圆及圆弧的画法，也是尽量利用它们与正方形、长方形、菱形相切的特点绘制的。

（4）角度的画法

画 30°、45°、60°等特殊角度的斜线时，可利用两直角边的比例关系近似地画出。

（5）复杂图形的画法

当遇到较复杂的形状时，采用勾描轮廓和拓印的方法画草图。如果平面能接触纸面，就用色描法，即直接用铅笔沿轮廓画出线来。

2. 画零件草图的方法和步骤

（1）认真分析零件

1）在画图之前应深入观察及分析被测零件的用途、结构形成和加工方法，了解零件的名称和用途。

2）鉴定该零件材料。

3）对该零件进行结构、工艺分析。

（2）选择表达方案

选择主视图和其他视图，确定表达方案。

（3）画零件草图

1）在图纸上定出各个视图的位置，徒手画出各个视图的基准线、中心线，注意尺寸和标题栏占用的空间。

2）画出各个视图的主要轮廓和零件内、外部结构，逐步完成各个视图的底稿。

3）检查底稿，徒手加深图线，画出剖面线，注意各类图线粗细分明。

4）选择尺寸基准，画出尺寸线、尺寸界线。

5）测量并标注尺寸。

6）确定技术要求并标注。

7）填写标题栏。

3. 画零件工作图的方法和步骤

由于零件草图是在现场测绘的，有些问题的表达可能是不完善的，因此，在画零件工作图之前，应仔细检查零件草图表达是否完整、尺寸有无遗漏、各项技术要求之间是否协调，确定零件的最佳表达方案。

（1）对零件草图进行审核，对表达方法作适当调整。

（2）画零件工作图的方法和步骤。

1）选择比例。

2）确定幅面。

3）画底稿。

4）校对并加深图线。

5）填写标题栏。

四、测绘中零件尺寸的圆整与协调

1. 优先数和优先数系

当设计者选定一个数值作为某种产品的参数指标时，这个数值往往不是孤立的，一旦选定，就会按照一定的规律向一切有关的参数传播。如螺栓尺寸一旦确定，与其相配的螺母就定了，进而影响到加工、检验用的机床和量具，继而又传向垫圈、扳手的尺寸等。由此可见，在设计和生产过程中，技术参数的数值不能随意设定；否则，即使微小的差别，也会造成尺寸规格繁多、杂乱，以至于组织现代化生产及协作配套困难。因此，必须建立统一的标准。在生产实践中，人们总结出来一种符合科学的统一数值标准——优先数和优先数系。

在设计和测绘中选择数值时，特别是在确定产品的参数系列时，必须按标准规定，最大限度地采用，这就是优先的含义。

2. 尺寸的圆整和协调

（1）尺寸的圆整

按实物测量出来的尺寸往往不是整数，所以，应对所测量出来的尺寸进行处理、圆整。尺寸圆整后，可简化计算，使图形清晰，更重要的是可以采用更多的标准刀具、量具，缩短加工周期，提高生产效率。

基本原则：逢4舍，逢6进，遇5保证偶数。例如，41.456→41.4，13.75→13.8，13.85→13.8。

1）轴向主要尺寸（功能尺寸）的圆整。可根据实测尺寸和概率论理论，考虑到零件制造误差是由系统误差与随机误差造成的，其概率分布应符合正态分布曲线，故假定零件的实际尺寸应位于零件公差带中部，即当尺寸只有一个实测值时，就可将其当成公差中值，尽量将基本尺寸按国家标准圆整成整数，并同时保证所给公差等级在IT9级以内。公差值可以采用单向公差或双向公差，最好为后者。

例：现有一个非圆结构的尺寸实测值为19.98 mm，请确定基本尺寸和公差等级。

通过查阅相关机械设计手册，20 mm与实测值接近。根据保证所给公差等级在IT9

级以内的要求，初步定为20IT9，查阅公差表，可知公差为0.052 mm。根据非圆的长度尺寸公差一般处理为：孔按（基孔制）H，轴按（基轴制）h，一般长度按对称公差带（js）取基本偏差，公差等级取为9级，则此时的上、下极限偏差为：

$$es = +0.026 \text{ mm} \qquad ei = -0.026 \text{ mm}$$

实测尺寸19.98 mm的位置基本符合要求。

2）配合尺寸的圆整。配合尺寸属于零件上的功能尺寸，它的确定是否合适，直接影响产品性能和装配精度，要做好以下工作：

①确定轴、孔基本尺寸（方法同轴向主要尺寸的圆整）。

②确定配合性质（根据拆卸时零件之间的松紧程度，可初步判断出是间隙配合还是过盈配合）。

③确定基准制（一般取基孔制，但也要根据零件的作用来决定）。

④确定公差等级（在满足使用要求的前提下，尽量选择较低等级）。

在确定好配合性质后，还应具体确定选用的配合。

例：现有一个实测值为 ϕ19.98 mm，请确定基本尺寸和公差等级。

由于 ϕ20 mm与实测值接近，根据保证所给公差等级在IT9级以内的要求，初步定为 ϕ20IT9，查阅公差表，可知公差为0.052 mm。若取基本偏差为f，则上、下极限偏差为：$es = -0.020$ mm，$ei = -0.072$ mm。

此时，ϕ19.98 mm不是公差中值，需要做调整，选为 ϕ20h9，其 $es = 0$ mm，$ei = -0.052$ mm。

此时，ϕ19.98 mm基本为公差中值。再根据零件在该位置的作用校对一下，即可确定下来。

3）一般尺寸的圆整。一般尺寸为未注公差的尺寸，公差值可按国家标准未注公差规定或由企业统一规定。圆整这类尺寸时一般不保留小数，圆整后的基本尺寸要符合国家标准规定。

(2) 尺寸的协调

在零件图上标注尺寸时，必须注意把装配在一起的有关零件的测绘结果加以比较，并确定其基本尺寸和公差，不仅相关尺寸的数值要相互协调，而且在尺寸的标注形式上也必须采用相同的标注方法。

五、测绘中机械零件技术要求的确定

1. 确定几何公差

在测绘时，如果有原始资料，则可照搬。在没有原始资料时，由于有实物，可以通过精确测量来确定几何公差。但要注意两点：其一，选取几何公差应根据零件功用而定，不可盲目地将只要通过测量就能获得实测值的项目都注在图样上；其二，随着国外科技水平尤其是工艺水平的提高，不少零件从功能上讲对几何公差并无过高要求，但由于工艺方法的改进，大大提高了产品加工的精确性，使要求不甚高的几何公差提高到很高的精度。因此，测绘中不要盲目追随实测值，应根据零件要求，结合国家标准所确定的数值合理确定。

2. 表面粗糙度的确定

（1）根据实测值来确定。测绘中可用相关仪器测量出有关的数值，再参照国家标准中的数值加以圆整确定。

（2）根据类比法，表面粗糙度参数值的选择应遵循既要满足零件（零件表面功能要求的前提下）也要考虑到选用的原则进行确定。

（3）参照零件表面的尺寸精度及几何公差值来确定。

3. 热处理、表面处理等技术要求的确定

测绘中确定热处理、表面处理等技术要求的前提是先鉴定材料，然后确定测绘者所测零件所用材料。应注意，选材恰当与否，并不是完全取决于材料的力学性能和金相组织，还要充分考虑工作条件。

一般来说，零件大多要经过热处理，但并不是说在测绘的图样上都需要注明热处理要求，要依零件的作用来决定。

第二节 修理用工具和夹具的设计

一、工件定位原理

1. 六点定位规则

一个自由物体在直角坐标系中具有六个运动自由度，如图1—1所示，沿三个直角坐标轴 X、Y、Z 方向的移动（用 $\vec{X}$、$\vec{Y}$、$\vec{Z}$ 表示）和绕 X、Y、Z 三个轴的转动（用 $\hat{X}$、$\hat{Y}$、$\hat{Z}$ 表示）。为了使工件在夹具中占有正确的位置，采用适当分布的六个支承点与工件相接触，来限制工件六个自由度的方法称为六点定位规则。

夹具上的六个定位支承点分布如图1—2所示。

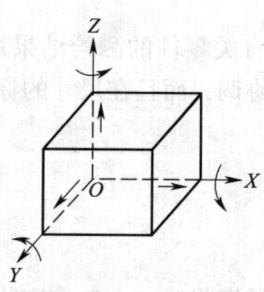
图1—1 物体的自由度

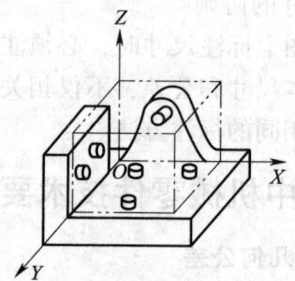
图1—2 夹具上的六个定位支承点

XOY 面（底面）用三个支承点限制 $\vec{X}$、$\vec{Y}$、$\vec{Z}$ 三个自由度。

YOZ 面（侧面）用两个支承点限制 $\vec{X}$、$\vec{Z}$ 两个自由度。

XOZ 面（端面）用一个支承点限制 $\vec{Y}$ 一个自由度。

在生产中，并不是每个工件都需要限制六个自由度，应根据具体加工要求而定，一

般只需要限制那些对加工精度有影响的自由度即可，这样就简化了夹具的结构；另外，还有部分零件的加工需要采用重复定位。

2. 定位基准

工件安装时用以确定被加工表面位置的点、线、面，也就是说工件安装时与夹具定位元件实际接触的点、线、面就是定位基准。

3. 定位方式及其定位元件

（1）工件以平面定位

平面定位的主要形式是支承定位，工件的定位基准平面与定位元件表面相接触而实现定位。常见的支承元件有下列几种：

1）固定支承。支承的高度尺寸是固定的，使用时不能调整高度。

①支承钉。如图 1—3 所示为用于平面定位的几种常用支承钉，它们利用顶面对工件进行定位。其中图 1—3a 所示为平顶支承钉，常用于精基准面的定位。图 1—3b 所示为圆顶支承钉，多用于粗基准面的定位。图 1—3c 所示为网纹顶支承钉，常用在要求较大摩擦力的侧面定位。图 1—3d 所示为带衬套支承钉，由于它便于拆卸和更换，一般用于批量大、磨损快、需要经常修理的场合。支承钉限制一个自由度。

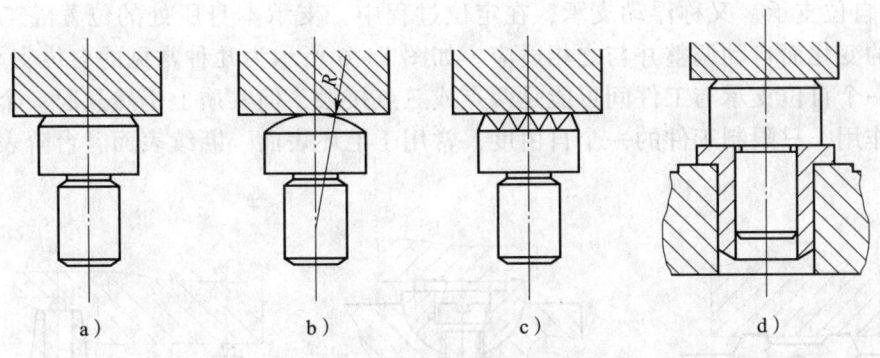

图 1—3 几种常用支承钉

②支承板。支承板有较大的接触面积，工件定位稳固。一般较大的精基准平面定位多用支承板作为定位元件。如图 1—4 所示为两种常用的支承板。图 1—4a 所示为平板式支承板，其结构简单、紧凑，但不易清除落入沉头螺孔中的切屑，一般用于侧面定位。图 1—4b 所示为斜槽式支承板，它在结构上做了改进，即在支承面上开两个斜槽为固定螺钉用，容易清除切屑，适用于底面定位。短支承板限制一个自由度，长支承板限制两个自由度。支承钉、支承板的结构和尺寸均已标准化，设计时可查国家标准手册。

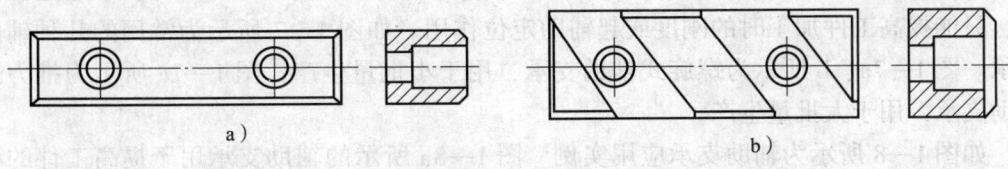

图 1—4 两种常用的支承板

2）可调支承。可调支承的顶端位置可以在一定的范围内调整。如图 1—5 所示为几种常用可调支承的典型结构，按要求高度调整好可调支承螺钉 1 后，用螺母 2 锁紧。可调支承用于未加工过的平面定位，以调节和补偿各批毛坯尺寸误差，一般不是对每个加工工件进行调整，而是针对一批工件的毛坯调整一次。

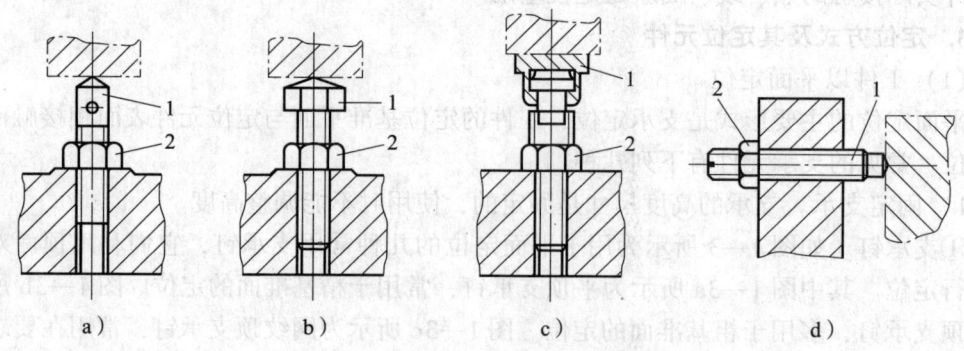

图 1—5　几种常用可调支承的典型结构
1—可调支承螺钉　2—螺母

3）自位支承。又称浮动支承，在定位过程中，支承本身所处的位置随工件定位基准面的变化而自动调整并与之相适应。如图 1—6 所示为几种常见的自位支承结构，尽管每一个自位支承与工件间可能是两点或三点接触，但实质上仍然只起一个定位支承点的作用，只限制工件的一个自由度，常用于毛坯表面、断续表面、台阶表面的定位。

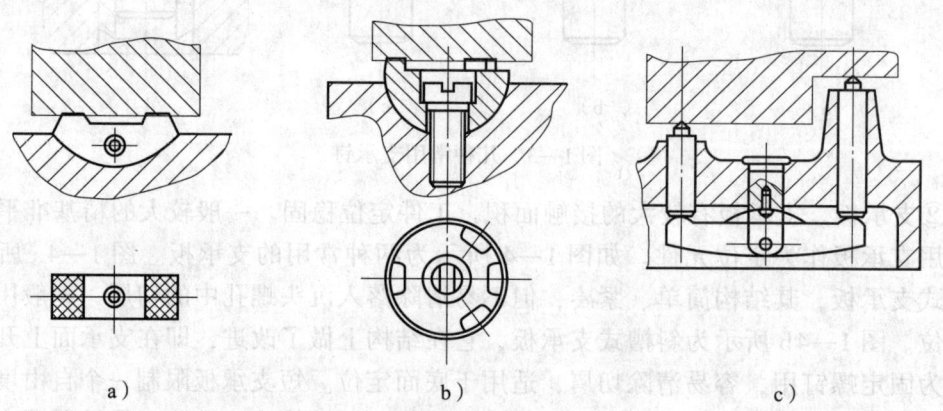

图 1—6　几种常见的自位支承结构

4）辅助支承。辅助支承是在工件实现定位后才参与支承的定位元件，不起定位作用，只能提高工件加工时的刚度或起辅助定位作用。如图 1—7 所示为常用的几种辅助支承。图 1—7a、b 所示为螺旋式辅助支承，用于小批量生产；图 1—7c 所示为推力式辅助支承，用于大批量生产。

如图 1—8 所示为辅助支承应用实例。图 1—8a 所示的辅助支承用于提高工件的稳定性和刚度；图 1—8b 所示的辅助支承起预定位作用。

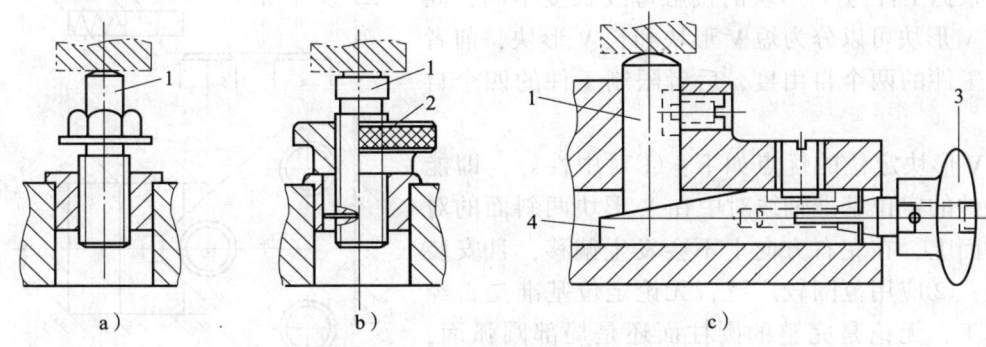

图1—7 常用的几种辅助支承
1—支承 2—螺母 3—手轮 4—楔块

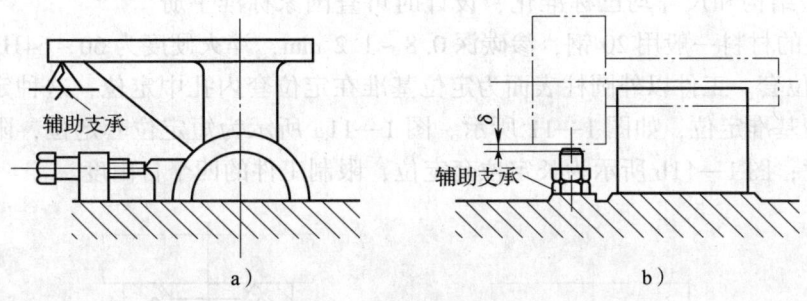

图1—8 辅助支承应用实例

(2) 工件以外圆定位

工件以外圆柱面作为定位基准时,根据外圆柱面的完整程度、加工要求和安装方式,可以在V形块、定位套、半圆套和圆锥套中定位。其中最常用的是在V形块上定位。

1) V形块。V形块有固定式和活动式之分。如图1—9所示为常用固定式V形块。图1—9a用于较短的精基准定位;图1—9b用于较长的粗基准(或台阶轴)定位;图1—9c用于两段精基准面相距较远的场合;图1—9d中的V形块是在铸铁底座上镶淬火钢垫而成,用于定位基准直径与长度较大的场合。

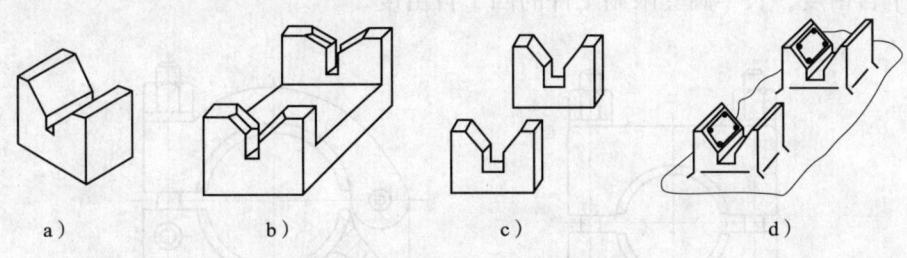

图1—9 常用固定式V形块

如图1—10所示的活动式V形块限制工件在Y轴方向上的移动自由度。它除定位外,还兼有夹紧作用。

根据工件与V形块的接触母线长度不同,固定式V形块可以分为短V形块和长V形块,前者限制工件的两个自由度,后者限制工件的四个自由度。

V形块定位的优点如下:①对中性好,即能使工件的定位基准轴线对中在V形块两斜面的对称平面上,在左右方向上不会发生偏移,且安装方便;②应用范围较广泛,无论定位基准是否经过加工,无论是完整的圆柱面还是局部圆弧面,都可采用V形块定位。V形块上两斜面间的夹角一般选用60°、90°和120°,其中以90°应用最多,其典型结构和尺寸均已标准化,设计时可查国家标准手册。

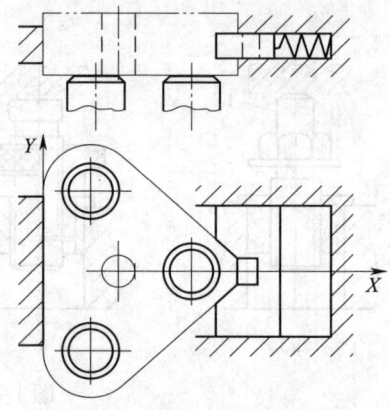

图1—10 活动式V形块应用实例

V形块的材料一般用20钢,渗碳深0.8~1.2mm,淬火硬度为60~64HRC。

2)定位套。工件以外圆柱表面为定位基准在定位套内孔中定位,这种定位方法一般适用于精基准定位,如图1—11所示。图1—11a所示为短定位套定位,限制工件的两个自由度;图1—11b所示为长定位套定位,限制工件的四个自由度。

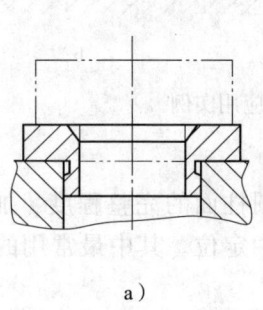 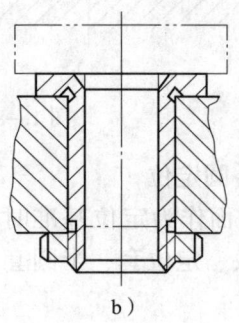

图1—11 工件在定位套内孔中定位

3)半圆套。如图1—12所示为半圆套结构,下半圆起定位作用,上半圆起夹紧作用。图1—12a为可卸式,图1—12b为铰链式,后者装卸工件更方便。短半圆套限制工件的两个自由度,长半圆套限制工件的四个自由度。

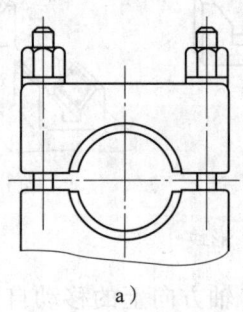 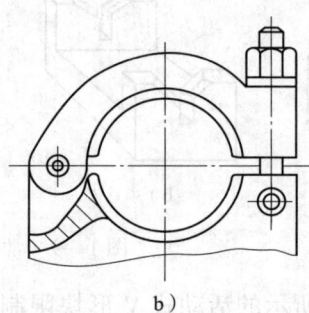

图1—12 半圆套结构

4）圆锥套。工件以圆柱面为定位基准面在圆锥孔中定位时，常与后顶尖（反顶尖）配合使用。如图1—13所示，夹具体锥柄1插入机床主轴孔中，通过传动螺钉2对定位圆锥套3传递转矩，工件4的圆柱左端部在定位圆锥套3中通过齿纹锥面进行定位，限制工件的三个移动自由度；工件的圆柱右端锥孔在后顶尖5（当工件外径小于6 mm时用反顶尖）上定位，限制工件的两个转动自由度。

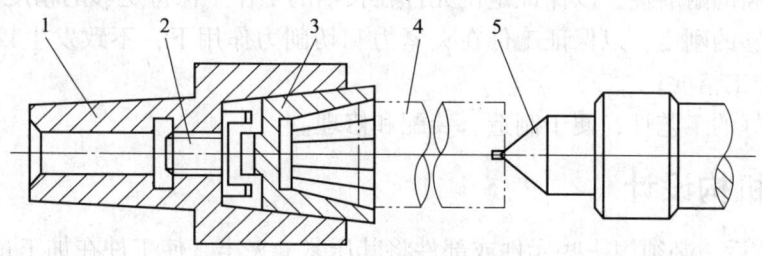

图1—13　工件在圆锥套内定位

1—夹具体锥柄　2—传动螺钉　3—定位圆锥套　4—工件　5—后顶尖

（3）工件以圆孔定位

工件以圆孔定位大都属于定心定位（定位基准为孔的轴线），常用的定位元件有定位销、圆柱心轴、圆锥销、圆锥心轴等。圆孔定位还经常与平面定位联合使用。

1）定位销。如图1—14所示为几种常用的圆柱定位销，其工作部分直径 d 通常根据加工要求和考虑便于装夹，按g5、g6、f6或f7制造。图1—14a、b、c中的定位销与夹具体的连接采用过盈配合；图1—14d所示为带衬套的可换式圆柱销结构，这种定位销与衬套的配合采用间隙配合，故其位置精度比固定式定位销低，一般用于大批大量生产中。

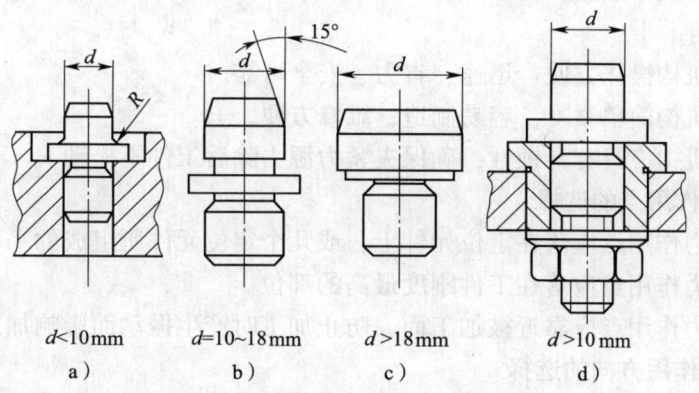

d<10mm　　d=10~18mm　　d>18mm　　d>10mm
　a）　　　　　b）　　　　　c）　　　　　d）

图1—14　几种常用的圆柱定位销

为便于工件顺利装入，定位销的头部应有15°倒角。短圆柱销限制工件的两个自由度，长圆柱销限制工件的四个自由度。

2）圆锥销。在加工套筒、空心轴等工件时也经常用到圆锥销。它可限制工件 Z、Y、X 方向的三个移动自由度。

二、定位元件基本要求

定位元件是指直接与工件定位基准面接触,并使工件相对于机床、刀具有正确位置的元件。定位元件的基本要求如下:

1. 有足够的精度,以保证工件的定位精准。
2. 有较高的耐磨性,以保证定位元件在长期的工作中保持足够的精度。
3. 有足够的刚度,以保证工件在夹紧力和切削力作用下,不致发生较大的变形而影响工件的加工精度。
4. 有良好的工艺性,便于制造、装配和修理。

三、夹紧机构设计

工件定位后,必须用一些元件或部件将其压紧、夹牢,使工件在加工过程中不会因切削力、离心力和工件自重的作用而改变位置,以保证工件的加工精度和安全生产,这种元件或部件称为夹紧机构。夹紧机构是夹具设计中工作量较大的一部分,包括夹紧方案确定、夹紧时受力分析、夹紧机构和元件的选用与设计、动力装置的选择等。

1. 夹紧机构的组成

(1) 动力装置,即产生夹紧力的动力源。
(2) 中间传动机构,是把动力装置产生的力传给夹紧元件的中间传力环节。
(3) 夹紧元件,是直接夹紧工件的夹具元件。

2. 夹紧机构的要求

(1) 工件被夹紧后,夹紧机构应使工件可靠地与定位元件接触,不能破坏定位精度。
(2) 夹紧力大小适当,既不压伤工件表面,又不能使工件产生变形,还不能使工件在加工中移动。
(3) 夹紧机构操作方便、迅速、省力、安全可靠。
(4) 夹紧机构简单紧凑,容易制造,维修方便。
(5) 夹紧机构应具有自锁性,确保夹紧力源去除后工件不松动。

3. 夹紧力作用点的选择

(1) 夹紧力作用点应落在定位元件上,或几个定位元件所组成的平面内。
(2) 夹紧力作用点应落在工件刚度最高的部位。
(3) 夹紧力作用点应靠近被加工面,防止加工时产生振动而影响加工精度。

4. 夹紧力作用方向的选择

(1) 夹紧力应垂直于主要定位基准面,以保证工件定位稳定,变形小,从而提高加工精度。
(2) 夹紧力作用方向最好与切削力、工件重力的方向一致,以使夹紧力最小。

5. 夹紧力的计算

为了使工件在加工过程中不松动,必须对工件施以足够大的夹紧力,其数值可按下式计算:

$$F = KF'$$

式中　F——实际需要的夹紧力；

　　　K——安全系数；

　　　F'——计算所得的夹紧力。

通常 $K=1.5\sim2.5$，夹紧力和切削力方向相反时 $K=2.5\sim3$。

6. 常用夹紧机构

夹紧机构类型繁多，机构复杂。常用的夹紧机构有楔块夹紧机构、偏心夹紧机构、定心夹紧机构等。

第 2 单元

常用修理设备和检测设备

- 第一节 常用修理设备/16
- 第二节 常用检测设备/22

第一节　常用修理设备

一、立式金刚石镗床

如图2—1所示的T716型立式金刚石镗床主要用于镗削汽车、拖拉机气缸套内径。

1. 结构

主要由立架、滑架、变速箱、主轴、工作台等部分组成。

2. 主要性能及加工范围（镗孔直径及深度）

使用直径为56 mm的主轴：镗孔最小直径为57 mm，镗孔最大深度为160 mm。

使用直径为75 mm的主轴：镗孔直径为76～115 mm，镗孔深度为250～325 mm。

使用直径为110 mm的主轴：镗孔直径为115～165 mm，镗孔深度为340～425 mm。

图2—1　T716型立式金刚石镗床
1—立架　2—滑架　3—主轴　4—变速箱
5—发动机壳体　6—工作台

主轴转速（6级）：190 r/min、230 r/min、300 r/min、375 r/min、475 r/min、600 r/min。

快速移动速度：3.8～4 m/min。

进给量（4级）：0.05 mm/r、0.08 mm/r、0.125 mm/r、0.2 mm/r。

工作台纵向最大移动量：1 700 mm。

电动机总容量：4.1 kW。

3. 使用方法

（1）将缸体置于机床工作台面上，在主轴镗头上安装定心球杆，利用定心球杆通过工作台纵向和横向移动手轮使主轴与气缸中心定位，定位后将气缸体紧固于工作台面上，便可开机进行工作。

（2）镗削湿式缸套时，需将套筒装置于夹具体中，装好盖子，使缸套中心线垂直于机床工作台面。

（3）当滑架压板上的两碰块不作为限制行程尺寸使用时，应将其装入压板T形槽的两极端处，这样即能使主轴在快速移动到达极限位置及进给运动在极限位置前约10 mm处自动停止。

（4）变速箱连接进给丝杆处装有安全离合器，能在主轴进给移动发生故障时脱开，使用过程不需进行调整。

（5）主轴快速上下移动与主轴回转互锁，两者不能同时进行。这样在接通快速时就不能接通移动手轮，从而避免手轮高速旋转而发生事故。

4. 精度检验项目

（1）工作台面的平面度。

(2) 工作台在纵向移动时其工作面的倾斜情况。
(3) 工作台被夹紧时的倾斜情况。
(4) 工作台中央 T 形槽的两侧壁对工作台纵向移动的平行度。
(5) 主轴中心线的径向圆跳动。
(6) 主轴中心线对工作台面的垂直度。
(7) 主轴移动方向对工作台面的垂直度。

5. 技术维护与安全技术

(1) 技术维护

1) 应及时润滑,变速箱每月应加注一次润滑油,导轨每班注油两次,丝杆每班注油一次,其余按规定进行。

2) 定期检查电气设备,清除电气设备触点的污物。

(2) 安全技术

1) 开车前应按机床的润滑规定加注润滑油并做全面检查。

2) 使用机床前要进行空运转试车,并检查电气设备接地是否妥当可靠。

3) 机床开动时不可变换手柄位置。

二、移动式镗缸机

如图 2—2 所示的 T8016 型镗缸机主要用于汽车发动机和中、小型拖拉机镗削整修气缸。

1. 结构

主要由立轴、镗杆、进给机构、机体、镗头等组成。

2. 主要性能

镗孔直径:65～130 mm。

最大镗孔深度:300 mm。

主轴变速级数:2 级。

主轴转速:250 r/min、380 r/min。

主轴进给量:0.11 mm/r。

快速回升速度:10.6 mm/s。

图 2—2　T8016 型镗缸机
1—立轴　2—进给机构
3—镗头　4—发动机壳体

3. 使用方法

(1) 镗削气缸孔时,将镗缸机安放在气缸体的上平面。

(2) 在镗修第一个气缸孔时,先将压紧装置的撑体放入邻近的一个气缸孔内,进行主轴定心工作。

(3) 固定镗缸机于机体上。

(4) 用专用百分尺矫正镗刀的镗孔尺寸。

(5) 根据气缸深度调节自动推杆,由工艺要求选定主轴转速,扳动变速扳手,接通电源,旋动开关,镗孔工作即可开始。

4. 技术维护

(1) 在工作过程中,搬运镗缸机时应小心轻放,防止碰撞和摔坏。

(2) 如放在无孔的平台上矫正时,在未开启电动机之前,应将操纵手柄拨至设置位置,以免开动后因自动进给运动致使主轴头与平面相撞,从而损坏整个传动机构。

(3) 对镗杆、丝杆、光杆等表面涂油,每班不少于一次,润滑油应经常保持油位,并每半年清洗和调换一次。上齿轮箱、蜗轮副及滚动轴承处均填充润滑脂,并应每半年清洗和填充一次,以保证清洁和良好的润滑。

(4) 在长期不用时,不得将镗缸机卧倒或侧放,以免镗杆变形及机床失去精度。

(5) 工作前应将气缸体上平面处理干净,以免切屑、污物等影响加工精度。

三、珩磨机

如图 2—3 所示的 E80 型普通立式数控珩磨机主要适用于发动机气缸镗后的珩磨加工。

1. 结构

主要由传动箱、磨头、工作台、冷却系统、控制系统等组成。

2. 主要性能

珩磨孔径范围:50~150 mm。

主轴最大行程:370 mm。

最大工件高度:480 mm。

主轴转速:112 r/min、160 r/min、224 r/min、315 r/min。

主轴往复运动速度:3~18 m/min。

3. 使用方法

(1) 选择珩磨参数、砂条材料、磨头的往复行程及切削液。

(2) 将气缸套用夹具装夹在珩磨机的工作台上。

(3) 按动按钮开始工作。

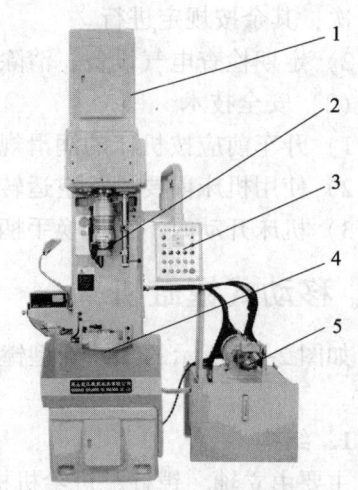

图 2—3 E80 型普通立式数控珩磨机
1—传动箱 2—磨头 3—操作控制面板
4—工作台 5—冷却系统

四、连杆轴瓦镗铰机

如图 2—4 所示的 JT-100 型连杆轴瓦镗铰机用于镗削汽车、拖拉机气缸体的主轴瓦、凸轮轴瓦、连杆轴瓦、连杆衬套等。

1. 结构

主要由机架、镗刀、传动箱、连杆夹具等部分组成。

2. 精度检验项目

(1) 主轴径向圆跳动。

(2) 活塞销孔轴线的圆柱度及垂直度。

(3) 活塞销孔轴线与机架两导轨支承面几何

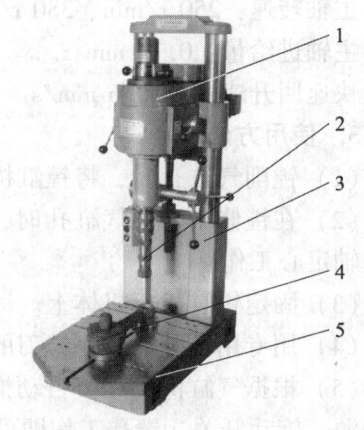

图 2—4 JT-100 型连杆轴瓦镗铰机
1—传动箱 2—镗刀 3—机架
4—连杆夹具 5—工作台

中心线的平行度。

3. 技术维护

（1）机床的润滑要按规定进行。

（2）镗杆在不使用时应放置于特制的支架上（至少应有三个支点）或垂直悬挂。使用时应经常更换镗杆与支承的摩擦位置，使其磨损均匀；在将镗杆插入或抽出时，均应先将镗杆擦净，以保证镗孔的精度。

五、曲轴磨床

如图2—5所示的MQ8260型曲轴磨床是磨削内燃机曲轴的专用磨床，也可用于磨削某些工件的外圆。

图2—5 MQ8260型曲轴磨床
1—主轴箱 2—头架 3—曲轴 4—砂轮架 5—尾座 6—进给机构 7—床身 8—控制板

1. 结构

主要由床身、主轴箱、砂轮架、头架、尾座、进给机构、控制板等组成。

2. 主要性能

工件最大回转直径：580 mm。

工件最大装夹长度：1 500 mm。

头架主轴转速：25 r/min、50 r/min、100 r/min。

工作台纵向行程：1 600 mm。

砂轮架最大横向移动量：200 mm。

砂轮架快速进退量：100 mm。

砂轮修正器可修圆弧最大半径：10 mm。

3. 使用方法

（1）机床开动

机床开动前必须按安全技术规定逐项检查，第一次或长期搁置后重新使用前，应对电气设备做绝缘电阻试验，如不符合要求应进行干燥处理。开始磨削前应先进行砂轮平衡试验。

(2) 曲轴的安装与加工

将曲轴固定在头架的带爪卡盘上。将刻度盘调整到规定值。然后粗校工件的中心，方法如下：用水平样板校正工件中心在水平平面内的位置；用垂直样板校正工件中心在垂直平面内的位置。最后用百分表精确定心。调整后将卡盘做最后夹紧。

检查所装夹工件的平衡程度，当曲轴在任何位置都不发生转动时才算平衡。

加工时，依次磨削同一中心线上的两曲柄颈。当自第一曲柄颈移向第二曲柄颈时，将砂轮架退出，并将砂轮架移至第二曲柄颈。

4. 精度检验项目

(1) 工作台移动在垂直平面内的直线度。
(2) 工作台移动时的倾斜情况。
(3) 头架和尾座用导向面对工作台移动的平行度。
(4) 头架主轴的轴向窜动。
(5) 头架主轴锥孔中心线的径向圆跳动。
(6) 工作台移动对头架主轴中心线的平行度。
(7) 头架卡盘的端面圆跳动。
(8) 尾座主轴的轴向窜动。
(9) 尾座主轴锥孔中心线的径向圆跳动。
(10) 工作台移动对顶尖套锥孔中心线的平行度。
(11) 尾座卡盘的端面圆跳动。
(12) 头架主轴锥孔中心线和尾座顶尖套锥孔中心线对床身导轨的平行度。
(13) 砂轮轴的轴向窜动。
(14) 砂轮轴定心锥面的径向圆跳动。
(15) 工作台移动对砂轮轴中心线的平行度。
(16) 砂轮轴中心线对头架主轴中心线的同轴度。
(17) 砂轮架横向移动对工作台运动方向的垂直度。

5. 技术维护与安全技术

(1) 技术维护

按要求经常添注及定期更换润滑脂。按实际情况定期更换和清理切削液。经常检查及定期清理电气设备。

(2) 安全技术

1) 机床电气设备接地必须良好（床身上均备有接地螺钉）。
2) 修理或检查机床时必须先关断机床电源，待取下总熔断器后方可进行。
3) 更换各保险熔断器中的熔丝时，电流值应与原来的相同，不许任意加大。
4) 电源电压不可超过机床电气设备规定电压的10%，以免损坏电气设备。
5) 机床所装砂轮防护罩在机床工作时应完整、无损，不准任意拆掉。
6) 新砂轮在使用前应在砂轮试验机上进行旋转试验，旋转试验的速度不应超过砂轮工作速度的30%。
7) 砂轮应经静平衡后方可使用。

8）砂轮的护罩应用螺钉紧固在砂轮架上，并紧固所有螺钉。

9）规定的砂轮速度与砂轮的大小相关，需特别注意的是，不得调错以免发生危险，开动砂轮时任何人都不得站在砂轮正前方。

10）开动机床前，快速进给手柄应放在后退位置，砂轮离工作台的距离不少于快速进给的行程量。其余操纵手柄必须在停止位置，行程撞块必须调整妥当并紧固。

11）防止随意触及可旋转移动的手轮、手柄及电气按钮，以免发生事故。

12）砂轮接近工件或砂轮修整器时，进给应平稳、缓慢，以确保安全。

六、气门磨床

如图2—6所示TVG90型磨气门机用于修磨气门的密封锥面和气门杆的端面。

图2—6　TVG90型磨气门机
1—机身　2—车头座　3—切削液管　4—砂轮架　5—动力箱

1. 结构

由机身、砂轮架、车头座、切削液泵等组成。

2. 主要性能

磨削气门头直径：25～90 mm。

磨削气门杆直径：6～16 mm。

磨削气门角度：30°～60°。

车头座主轴转速：200 r/min。

砂轮轴转速：4 200 r/min。

电动机总功率：0.455 kW。

3. 使用方法

（1）车头座定位

车头座相对于纵向滑板可绕一固定轴回转一定角度，以达到修磨气门锥面角度的要求。车头座的固定只需拧紧车头座螺母即可。

（2）装夹工件

把选择好的弹子夹头和夹紧装置在车头座内装好后，再将气门杆插入弹子夹头中，夹紧和松开气门杆由车头座左端具有滚花的螺旋顶来控制。气门杆夹紧后应检验其径向圆跳动是否正常。

(3) 磨气门锥面

气门杆正确装夹后，即可开动电动机，先调节砂轮位置并相应调节车头座位置，使左边的碟形砂轮缓慢地与气门锥面接近。当砂轮圆周面稍微接触气门锥面时，即可停止进给，但切勿移出砂轮之外。欲停车观看情况时，应将砂轮移开后再停车。

(4) 气门杆端面的磨削

利用附件磨端面架的V形槽和平形砂轮的端面可以磨削气门杆的端面。

4. 技术维护

(1) 按规定加注润滑油。

(2) 经常保持机床清洁，切屑、灰尘要清除干净，切削液要经常更换，防止切削液出、回管路阻塞。

(3) 机床纵向滑板及砂轮座导轨应三个月拆洗一次。

(4) 车头座蜗轮蜗杆的储油量、油位应保持在规定位置。

(5) 试车前应检查电动机的绝缘情况，注意交流电动机的运转方向。

第二节 常用检测设备

一、连杆检验矫正仪

如图2—7所示的YZJ-84/110型连杆检验矫正仪由工作台、定心轴、定位销、百分表等组成。

图2—7 YZJ-84/110型连杆检验矫正仪
1—定心轴 2—连杆 3—工作台 4—定位销 5—百分表

检查连杆变形时，先取下轴瓦和衬套，按标准力矩紧好轴承盖，依照大端孔径选取标准心轴，穿入连杆大端孔内（如无标准心轴时，可用符合技术要求的销轴代替），将连杆大端套入可调整销轴，并拧紧可调螺钉，使半圆键张开，把连杆固定在矫正器上。调整限位杆，仔细检查三个量脚与检查平面的接触情况，用塞尺检查其间隙，并记录数据。然后将连杆翻面，重复上述检查。

二、电子功率油耗测量仪（见图2—8）

1. 工作原理

（1）测功原理

电子功率油耗测量仪是以发动机本身运动部件（指飞轮、曲轴等回转件）的惯性力矩作为负载，在全负荷供油条件下突然加速，根据某一转速区段的加速时间，计算出发动机额定转速下所能发出的功率。

（2）测油耗原理

用两个电磁阀的开与闭控制主机与油箱或量管的接通。在测量瞬间常开电磁阀关闭，常闭电磁阀开放，发动机消耗玻璃量管内的燃油，从而记录发动机耗油量。

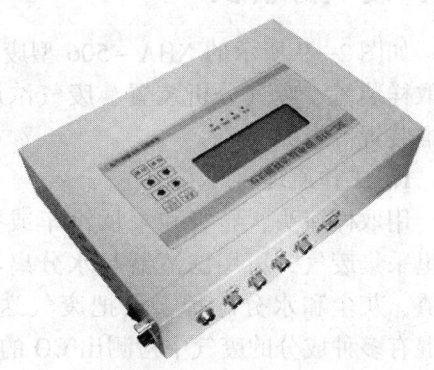

图2—8 80-910型电子功率油耗测量仪

2. 使用方法

（1）仪器的装接

1）接通主机电源。

2）安装油耗测量计。

3）安装光电转速传感器。

（2）仪器与发动机的连接

1）发动机预热。

2）关上发动机油箱开关，切断供油。

3）把油耗测量仪的出油管接到发动机的低压油路中（手扶和小四轮拖拉机可接到柴油滤清器的进油口；福田系列及约翰迪尔天拖可接到柴油沉淀杯进油口）。

4）接通电源开关，排尽油路中的空气，然后拧紧各接头螺钉。

5）将光电转速传感器的触头缓慢地插入处于急速运转的发动机曲轴轴头中心孔内或启动爪处，并保持一定的接触压力，以免发生滑转而影响测试结果。

（3）测试步骤

1）测试发动机的最高空转转速。开机检查前先按下复位键，再按一下EXEC键。此时主机板上的显示屏将每隔1 s显示一次每分钟的平均转速。将油门拉到最大供油位置，并相应稳定转速，便可测得最高空转转速。

2）测试发动机的功率与油耗量。按充油键给测量管充油，待油充到"0"刻度时，松开充油键后按一下复位键，主机显示屏上将显示"P"，接着按键盘上的MOW键，主机显示屏即显示"1"，最后根据被测机型按一下相应的机型选择键，此时主机显示屏将不显示。紧接着以最快的速度将油门拉杆拉到最大供油位置。当测定指示灯灭，待测指示灯亮时，主机显示屏迅速轮换显示测试结果："A"表示测功时间，单位是秒；"P"表示功率，单位是千瓦。测量管油面下降值是在加速测功时间内所消耗掉的燃油量 Q。

3) 进行数据处理。

(4) 仪器拆卸，按连接时的相反顺序进行。

三、废气分析仪

如图2—9所示的NHA-506型废气分析仪由废气取样装置、废气分析装置、废气浓度指示装置和校准装置等组成。

1. 工作原理

用取样探头、导管和泵从汽车或拖拉机的排气管里采集废气，再用滤清器与水分离器把废气中的炭渣、灰尘和水分除掉，只把废气送入分析装置。在混有多种成分的废气中检测出CO的浓度，并以电信号形式输送给浓度指示仪进行指示。CO浓度在CO指示仪上以容积百分数为单位指示。

图2—9 NHA-506型废气分析仪

2. 使用方法

（1）检测前的准备

1）检测仪器的准备。

2）准备待检测汽车、拖拉机。

（2）检测步骤

1）发动机由怠速加速到中等转速，维持5 s以上，再降至怠速状态。

2）将分析仪的读数转换开关旋到最高量程挡位。

3）将取样探头插入排气管中，插入深度不小于300 mm。

4）选择适当的量程，待指针稳定后读数。

5）若为多排气管，则取各管测值的算术平均值。

6）测量完毕，抽出取样探头，让它吸入5 min新鲜空气，待指示仪表的指针回到零位后再关掉电源。

四、烟度计

如图2—10所示的FD-1型滤纸式烟度计由废气取样装置抽气筒、污染度检测装置、污染度指示装置、校准装置等组成。

1. 工作原理

吸气泵手动压缩后将与其连接的探头插入发动机排气管中，然后放松压缩螺母，以一定的时间吸取一定量的废气，用设置在吸气道中的滤纸吸附烟中炭粒的方法进行取样。将取样后带黑烟的滤纸紧贴污染度检测装置。从灯泡发出的光线照射到滤纸上被反射回来，由环状硒光电池接收，产生电流使指示仪表摆动。

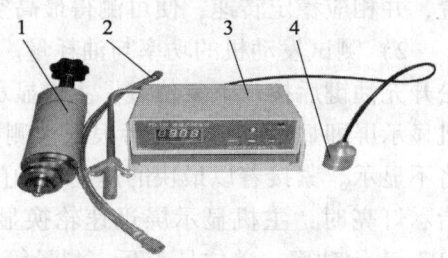

图2—10 FD-1型滤纸式烟度计
1—吸气泵 2—加长管 3—主机 4—探头

2．使用方法

（1）检测前的准备

1）仪器的准备。

2）准备待检测的汽车、拖拉机。

（2）检测步骤

1）使发动机加速2~3次，吹净排气管与消声器内的烟尘。

2）使发动机怠速运转5~6 s，可用压缩空气进行清洁作业2~3 s。

3）在加速踏板上安装踏板开关。

4）迅速将加速踏板踩到底并持续4 s。

5）将步骤4）重复操作3次。

6）将已收取黑烟的3张滤纸放置在未使用过的10张以上清洁滤纸上。

7）在测试台上，用检测部分朝向滤纸污染面，分别读取测量值。

8）取3张滤纸的平均值作为污染度。

五、制动试验台

如图2—11所示的FZD-9010B型汽车制动试验台由检测控制台、滚筒、减速箱、检测台、电动机等组成。

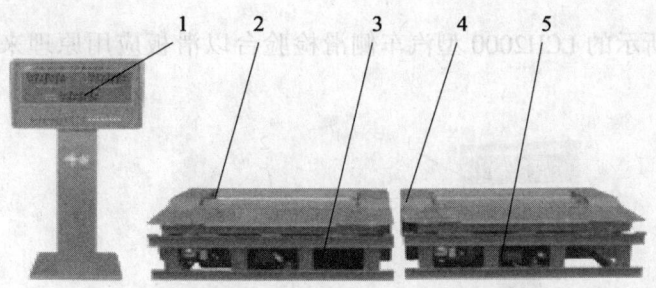

图2—11　FZD-9010B型汽车制动试验台
1—检测控制台　2—滚筒　3—减速箱　4—检测台　5—电动机

1．工作原理

机动车车轮由制动试验台的滚筒驱动，当制动时，由于车轮制动器的作用，车轮受到与试验台滚筒驱动力相反的制动摩擦力矩的作用，车轮出现停转，滚筒的转动阻力增大，车轮给主动滚筒施加了一个与其旋转方向相反的切向摩擦阻力（即制动力），该阻力使主动滚筒停转；与此同时，车轮开始离开从动滚筒，车轮作用力全部由主动滚筒承担。在检测控制台仪表上显示出车轮与主动滚筒间切向摩擦阻力的数值，此值就是车轮制动力的大小。

2．使用方法

（1）准备工作

1）轮胎气压应符合制造厂的规定。

2）轮胎沾有水、油等或轮胎花纹沟槽内嵌有小石子时，一定要清除干净。

(2) 检测步骤

1) 接通试验台电源。

2) 操纵手柄，升起举升器托板。

3) 将车辆尽可能地垂直于滚筒的方向驶入试验台，让车轮停放在举升器托板上。

4) 操纵手柄，降下举升器托板，直到轮胎与举升器托板完全脱离为止。将变速杆挂入空挡。

5) 用挡块抵住位于试验台滚筒之外的所有车轮的后方，以防止车轮在检测时从试验台向后方滑出去。

6) 启动电动机，使滚筒带动车轮转动。

7) 缓缓将制动踏板踩到底，读取仪表上所指示的最大制动力值。

8) 前、后轮的制动力检测后，拉动驻车制动拉杆，读取仪表指针指示的最大制动力值。

9) 全部检测结束后，切断电动机电源，操纵手柄升起举升器托板，车辆驶离试验台。

10) 切断试验台电源。

六、侧滑试验台

1. 工作原理

如图 2—12 所示的 LCH2000 型汽车侧滑检验台以滑板应用原理来检测出转向轮的侧滑量。

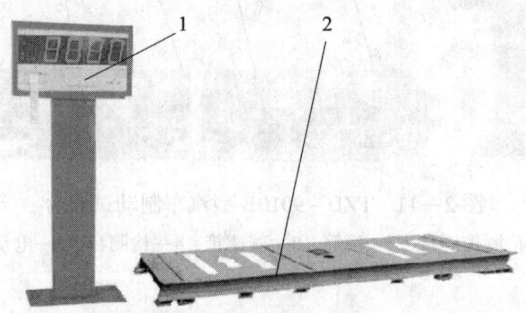

图 2—12 LCH2000 型汽车侧滑检验台
1—控制面板 2—滑板

2. 使用方法

(1) 检测前的准备与检测制动力时相同。

(2) 检测步骤

1) 取下滑板的锁止销钉，接通电源。注意指示仪表的指针应指示"零"位置。

2) 车辆以低速垂直驶向试验台，使被测车轮从滑板上通过，注意此时严禁转动转向盘或制动。

3) 待被检车辆前车轮从滑板上完全通过时，观看仪表指针的指示，并读取最大侧滑量值。侧滑量在 -3 ~ 3 m/km 范围涂为绿色，表示良好区域；侧滑量在 -5 ~

-3 m/km 和 3~5 m/km 范围涂为黄色，表示准用区域；侧滑量在 -10~ -5 m/km 和 5~10 m/km 范围内涂为红色，表示不良区域，应引起注意。

4）检测结束后将滑板锁止。

七、前照灯检测仪

根据测量距离和测量方法不同，前照灯检测仪可分为聚光式、屏幕式、投影式、自动跟踪光轴式等几类。如图 2—13 所示，检测过程中，前照灯检测仪都是由接收前照灯照射光束的受光器、使受光器与车辆前照灯对正的找准器、前照灯发光强度的指示装置、前照灯发光轴偏斜量的指示装置，以及支柱、底座、导轨、车辆摆正找准器等组成的。屏幕式前照灯检测仪的使用方法如下：

1. 检测前的准备

除去前照灯上的污垢；使轮胎气压符合规定值；蓄电池应充足电，灯光电路状况完好。

2. 检测步骤

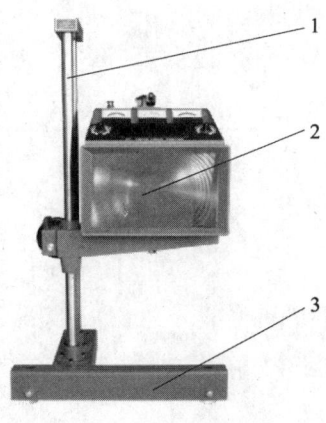

图 2—13 lqd 前照灯检测仪
1—导杆 2—受光器 3—支架

（1）将车辆尽可能地与屏幕或导杆保持垂直方向驶进检测仪，使前照灯和检测仪受光器相距 3 m。

（2）用车辆摆正找准器使检测仪与车辆对正。

（3）开亮前照灯，用前照灯找准器使检测仪与被检前照灯对正。

（4）使左、右光轴刻度尺的零点与活动屏幕上的基准指针对正。

（5）上下和左右移动受光器，使光度计达到最大指示值位置。此时，根据受光器上的基准指针所指活动屏幕的上下刻度值和活动屏幕上基准指针所指固定屏幕的左右刻度值，即可测出光轴的偏斜值。

（6）此时光度计上的指示值即为被测前照灯发光强度值。

第3单元

拖拉机故障诊断与排除

- 第一节　故障诊断概念/30
- 第二节　发动机功率不足/31
- 第三节　发动机串机油/32
- 第四节　发动机烧瓦/33
- 第五节　发动机拉缸/34
- 第六节　发动机比油耗高/35
- 第七节　发动机曲轴断轴/36
- 第八节　悬挂系统提升无力/36
- 第九节　轮式拖拉机的常见故障与排除/42

第一节 故障诊断概念

拖拉机在使用过程中,由于零部件的剧烈磨损,其动力性、经济性及工作质量指标会逐渐地恶化以至丧失工作能力,称为故障。

一、故障表现形式

发动机的常见故障包括:起动困难;怠速不稳或无怠速;动力不足,中、小负荷工作不稳,易熄火;停油不熄火;飞车;费油。

主要表现形式有下列几个方面:

1. 工作异常

起动困难,转速不正常,燃油、机油消耗量过大,性能下降等。

2. 温度异常

机体过热,散热器"开锅",机油温度过高等。

3. 声响异常

运行时出现金属件敲击声、管路的排气声、排气管"放炮"声、连接件的碰撞声等。

4. 排气异常

排气烟色变白、蓝、黑,排放气体温度升高等。

5. 密封异常

漏水、漏气、漏油等。

6. 压力异常

油压过高或过低,气压低或压力消失等。

二、故障原因分类

1. 慢性原因

一般是在较长使用期限内逐渐形成的,如果技术保养不及时、不充分,就会加速它们的形成过程。

常见的慢性原因有机械磨损、热磨损、化学锈蚀、塑性变化、材料性质和组织结构的变质、零件内伤的产生和扩大。上述原因引起的故障往往需要较复杂的保养或修理才能予以排除。

2. 急性原因

基本上是由于日常保养没有做好而引起的。

常见的急性原因有供给系统堵塞、杂物侵入、安装及调整错乱、缺油、缺水、缺电。上述原因引起的故障一般比较容易排除。

三、故障分析的基本原则

1. 弄清征象,结合构造,联系原理,具体分析。
2. 从简到繁,由表及里,按系分段,推理检查。

四、故障诊断和检查的一般方法

故障诊断的一般方法有问诊、听诊、观察、触摸、敲击、嗅闻。

故障检查的一般方法是遵循"少拆卸"和"不拆卸"的原则，采取部分停止法、比较法、试探法、反证法进行检查。

第二节 发动机功率不足

一、故障原因

1. 气缸压力不足；气门不严密或气门下陷较大；活塞环密封性差。
2. 气门间隙不合适或配气相位有变化。
3. 喷油器雾化不良。
4. 喷油器总供油量偏少。
5. 供油时间不正确。
6. 调速器作用点偏低。
7. 缸盖上涡流燃烧室内表面粗糙，空气涡流损失大或形状、位置、容积不符合技术要求。
8. 正时齿轮装错。

二、检查与排除

1. 检查燃烧室是否有漏气现象

先将发动机运转一段时间，待水温升到 60~80℃ 范围内，柴油机的活塞、缸套等配合件受热后，配合间隙达到热状态。这时停止运转，用手摇把转动曲轴（不减压），凭感觉来判断各缸的压缩压力。若感觉某缸阻力较小，则此缸可能有漏气现象。将该缸摇到压缩行程的一半部位，然后停留 15~30 s，再摇曲轴，如感到压缩行程后一半无阻力或阻力很小，可认定该缸漏气。还应进一步检查其漏气部位。也可直接使用气缸压力表进行检查，同时可检测气缸的气密性。

（1）把该缸的喷油器拆下，向安装孔口倒入少量机油，再把喷油器装好。摇动曲轴，如觉得阻力显著增大，则表示活塞处漏气，需拆卸后检查。拆卸后检查活塞环是否对口或活塞环是否有质量缺陷、密封不严，此时应重新安装或更换活塞环。

（2）运转柴油机，观察喷油器安装孔处是否有漏气现象。如有漏气，可发现在该部位出现泡沫，严重时会冒气，并发出"嗤嗤"声。如喷油器安装孔处漏气，可将喷油器拆下，修整后更换密封垫片后再装上，并拧紧固定螺栓。

（3）运转柴油机，观察气缸垫处是否漏气。当发现缸垫漏气时，可先检查缸盖螺母是否按要求的力矩拧紧。若拧紧后仍有漏气现象，则需进一步检查气缸盖和缸体结合平面的不平度，必要时采用光磨、加垫圈的办法解决。

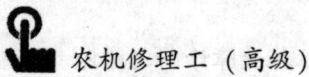

2. 检查气门是否漏气

在确定燃烧室是否漏气后，再结合柴油机工作状态观察及分析气门是否漏气。若排气门漏气，可在排气管处听到很长的嘘叫声；如进气门漏气，进气支管有"啪啪"声，用手触摸进气管会感到烫手。

(1) 经反复观察，确定气门漏气后，应用塞尺检查和调整气门间隙。

(2) 检查是否因减压机构调整不当而导致气门关闭不严；若是，应重新调整。

(3) 检查气门弹簧是否折断或质量有问题而使气门不能严密结合在气门座上，造成漏气；若是，应更换弹簧。

3. 检查气缸存气间隙是否正确

不正确的原因如下：

(1) 气门座圈铰削深度不够，应重新铰削。

(2) 修理后连杆小头铜套中心被镗偏，曲柄回转半径变大，可用加厚缸垫的方法解决。

4. 检查喷油泵供油情况

松开喷油泵出油阀预紧座上的高压油管螺母。减压摇车或用起动机带动，观察高压油管接头处有无柴油溢出，如无油溢出或某缸不溢油都可把喷油泵侧盖卸下检查。检查柱塞弹簧是否折断，供油拉杆是否卡在停油位置，发现故障应予以排除。

5. 检查调速器

如调整不当，应重新调整。如调速器弹簧弹力不足或失效，应更换弹簧。

当发现发动机功率极低，甚至不能起动时，可能是飞轮、正时齿轮装错，应重新装配。油泵凸轮轴装反也会使发动机功率急剧降低。

第三节 发动机串机油

一、故障原因

1. 磨合不良，未按规范磨合或磨合规范选择不当，使气缸套、活塞环等零件磨合质量差。

2. 零件装配不当。

(1) 活塞环未按技术要求安装。

(2) 气缸套装入气缸体后，圆柱度误差过大。

(3) 活塞环卡死在环槽内。

3. 油底壳润滑油油面过高。

4. 空气滤清器内油面过高。

二、检查与排除

1. 检查发动机油底壳中机油油面，如超过规定值，应放出多余的机油。

2. 检查气门杆与气门导管的配合间隙，如间隙过大，应更换新零件。

3. 检查活塞环安装是否正确，如出现活塞环对口，应重新安装。

第四节　发动机烧瓦

一、故障原因

1. 润滑油不足。
2. 机油质量、牌号不符合要求。
3. 轴颈与轴瓦的配合间隙不当。
4. 通往轴瓦的油道被堵塞。

二、检查与排除

1. 连杆轴瓦烧瓦

减压试转动曲轴，用手摇把转动曲轴，如感觉活塞在上止点和下止点附近位置时的阻力最大，而在上、下止点之间位置时阻力显著变小，则可能是连杆轴瓦烧瓦。

2. 主轴轴瓦烧瓦

当用手摇把转动曲轴时，整圈都感到吃力，阻力无显著变化，则可能是主轴轴瓦烧瓦。确认烧瓦后，应重新换瓦。

3. 轴瓦烧瓦的故障原因及排除

导致轴瓦烧瓦故障的原因有很多，具体的原因还需要具体分析，但是大体上的原因有以下几方面：

(1) 润滑油使用不当

发动机应根据不同季节的要求使用不同型号的机油。由于农机手不随季节的变化更换相应标号的机油，致使机油满足不了发动机的润滑要求而造成故障。另外，机油保存不当以及质量不符合要求也会导致发动机烧瓦。

(2) 轴瓦间隙不符合要求

轴瓦间隙太小，则不易形成油膜，致使轴瓦合金烧结或熔化；轴瓦间隙过大，则不能保住油膜，润滑油易泄漏，使轴与瓦发生撞击，导致轴瓦合金受挤压而变形。

(3) 机油压力过低

机油压力过低，不仅仅是轴瓦间隙过大的问题，有时因机油泵内漏严重，使润滑油供应不足，造成发动机烧瓦。

(4) 更换新轴瓦未清洗油道及进行磨合试运转

发动机更换新轴瓦后，应仔细检查机油使用程度，清洗油道，换瓦后必须经过低速磨合。

(5) 其他方面的原因

冷却液、柴油、液压油进入机油内而使其变质，降低了机油的润滑性能而造成烧瓦。

以上原因都有可能引起轴瓦烧瓦。当确认烧瓦后，无论是连杆轴瓦还是主轴轴瓦，一般都采用更换新轴瓦的原则。

第五节　发动机拉缸

一、故障原因

1. 由于活塞销孔、铜套的铰削加工及销的选配不当，造成装配过紧，使活塞变形，沿垂直活塞销轴线方向的直径增大，因而该方向活塞裙部与气缸壁的间隙变小，活塞受热后无膨胀余地，卡死在气缸内。

2. 气缸镗磨及活塞选配不当，配合间隙过小，以致工作中活塞受热胀死在气缸内。

3. 选配活塞时没有检查圆度误差，如果圆度不符合要求，在使用时活塞与缸壁前后方向的正常间隙就会受到破坏，活塞受热后无膨胀余地或余地过小，因而易卡在气缸内。

4. 曲轴弯曲或主轴颈、连杆轴颈呈现锥形，使主轴颈与连杆轴颈的轴线互不平行，致使活塞倒向缸壁一侧，运动不正常。若曲轴轴向间隙过大，工作中产生轴向移动过大，使活塞紧贴缸壁，也会加重拉损现象。

5. 连杆大端轴承孔或活塞销孔铰偏，造成连杆大、小端孔轴线不平行，活塞在气缸内向一侧倾斜；气缸、主轴承孔镗削加工不当，造成气缸轴线倾斜；主轴承孔纵向不同轴，造成气缸轴线与曲轴轴线互不垂直，前后倾斜，使活塞紧贴缸壁一侧。

6. 活塞环的开口间隙太小。活塞环受气缸高温的影响会膨胀，环的膨胀受气缸控制不能自由发展，只有向间隙开口处伸展，如果已经没有间隙还继续膨胀，便会发生轧环或折环现象，最后导致拉缸。

7. 安装不当使气缸套变形。当柴油机转速提高，温度上升，负荷加重时，应力随着温度的变化而改变，缸壁上会出现不平滑的地方。虽然这种变化很小，但出现在精密度较高的气缸壁上会使活塞环弹力表面加剧磨损。这种磨损由某一点或某一片开始而逐渐扩散，最后使缸壁表面受到破坏而导致拉缸。

二、检查与排除

当发动机拉缸后，检查时会出现以下现象：

1. 发动机工作时有"当当"的异常响声，响声会随着负荷增加而加重，也会随着温度升高而更响。

2. 曲轴箱内有"沙沙"的串气声，曲轴箱内的废气比原先增多。

3. 气缸压力下降，用气缸压力表检查被拉缸的气缸，其压力明显降低。

4. 单缸被拉时，用断火法试验，异常响声和曲轴箱窜气量明显减轻。

在排除发动机拉缸故障时，如果拉缸程度较轻，可用细砂纸轻微地打磨；如果拉缸痕迹比较严重，打磨后无法消除，就必须更换缸套，视情况还要更换活塞及活塞环，修复完成后必须经过低速磨合。

第六节 发动机比油耗高

发动机的比油耗是指发动机每发出 1 kW 功率，运行 1 h 的耗油量，用 g/(kW·h) 这个指标来衡量。发动机单位时间内的耗油量是不能说明它的燃料经济性好坏的，因为发动机发出的功率越大，单位时间内的耗油量越多，但它的比油耗 ge〔单位为 g/(kW·h)〕则是先随功率增大而减小，到一定程度以后才随功率的增大而加大，所以比油耗才是表征发动机燃料经济性好坏的指标。

一、故障原因

1. 空气滤清器堵塞，使进气不畅，造成油气混合过浓，或排气管堵塞。
2. 怠速调整不正确。
3. 发动机冷却液温度过高或过低。冷却液温度过高，冷却液容易沸腾，动力下降，油耗增加；冷却液温度过低，混合气雾化不好，发动机功率下降，油耗增加。
4. 供油提前角不准确，如点火过迟（共轨发动机可能是中央控制单元故障）。
5. 冬季使用夏季润滑油或者机油加注过多。
6. 喷油器内部损坏或磨损严重。
7. 发动机磨损严重，如拉缸、漏气等。
8. 共轨柴油发动机油压调节器有故障。

二、检查与排除

发动机油耗过高的原因是多种多样的。造成柴油机燃油消耗增大的主要原因是燃油和空气的混合、燃烧过程不完善，以及机械损失增大。具体检查项目有喷油压力、供油提前角。一般来说，发动机的动力不足或冒黑烟时，大多数发动机的比油耗都过高，排除故障时不应忽视这方面的问题。

1. 外部检查

（1）检查各传感器接头是否脱落（该项主要是针对高压共轨发动机）。打开机罩，逐个检查各传感器的接头是否松脱、断裂，用手轻轻扳动，并插好传感器，对于灰尘较多的传感器应清理干净，以免影响信号的传送效果。

（2）检查管接头是否破损、脱落。检查进油管道、接头是否漏油，发现漏油、漏气的地方应进行处理，及时清洁和更换空气滤清器滤芯。

2. 基本检查

（1）检查高压共轨系统压力

高压共轨系统工作时，燃油进入供油泵，将柴油加压成高压送入共轨管储存高压柴油，当高压柴油从共轨管经过连接电磁喷油器的高压油管后，电磁喷油器通过 ECU 控制开启及关闭来实现喷油量、喷油时间及喷油率的控制。而共轨系统的压力检测方法是使用专用故障诊断仪进行检测，进行共轨系统压力的直接读取。（应注意的是高压共轨系统喷油压力最高可达到 160 MPa 左右，柴油机起动、运转及停机时，严禁拆卸高压油管排出空气或断油等，以免造成伤亡致残等事故）。

（2）喷油器故障表现

1）机械故障。机械故障表现为喷油器由于黏滞、堵塞、泄漏而引起机械动作失效，造成发动机的运转出现损坏性工况，严重影响汽车的正常使用。喷油器黏滞是由于针阀与阀座的间隙被残存的黏胶物堵塞，致使吸动柱塞升起的动作发涩，达不到规定的针阀开启速度，影响正常的喷油量；喷油器堵塞是喷油器外部的喷射口被积炭和污物堵塞，造成喷油器喷射工作失效；喷油器泄漏是喷油器在使用中早期磨损，造成喷油器在压力油路的施压状态下不断向进气歧管内泄漏汽油。

2）电路故障。喷油器自身的电路故障主要表现在电磁线圈上，可以归纳为线圈断路、线圈短路和线圈老化。电磁线圈烧断的喷油器，燃油喷射工况中断，造成发动机无法运转；电磁线圈短路是指喷油器电磁线圈正常出现的脉冲控制电流未经规定线路流动，喷油器电磁线圈发生短路故障，即未经发动机 ECU 而直接搭铁；喷油器电磁线圈老化是指线圈阻抗值增加，造成脉冲控制电流在老化的线圈上受阻，导致线圈产生的电磁吸力不足，影响喷油器的喷射效果。

当共轨系统压力及喷油器出现上述故障时，一般采取更换电磁喷油器总成的方法。

第七节　发动机曲轴断轴

一、故障现象

曲轴箱内发生沉闷的敲击声，轰动油门则敲击声变大，怠速运行时机件抖动严重，排气冒黑烟。断轴是曲轴颈轴肩处机械疲劳引起的，都有一个从裂到断的渐变过程。出现隐性裂变时，预兆特征不明显，随着裂纹扩大，预兆特征越来越明显，最后导致断轴、熄火。若出现油门等抖动或敲击频率相吻合时停机，则可能正处于断轴的临界点。此时拆盖检查，用手推动飞轮，如轴向间隙较大，且推动不费力，表明曲轴已折断。

二、故障排除

发现预兆立即停机检查，发现裂纹应及时更换曲轴。

第八节　悬挂系统提升无力

一、液压悬挂系统的分类

拖拉机上用来悬挂和提升农具的整套液压装置称为液压悬挂系统。根据液压元件在拖拉机上的分布位置不同，液压悬挂系统可分为分置式、整体式与半分置式三种形式。

1. 分置式液压悬挂系统

分置式液压悬挂系统由液压系统和悬挂机构组成。如东方红1002、纽荷兰M160等中型拖拉机的液压悬挂系统属于分置式，液压系统由齿轮油泵、双作用油缸、滑阀式分配器等组成。油泵、分配器和油缸分别布置在拖拉机的不同部位，它们之间用油管连接。

2. 整体式液压悬挂系统

整体式液压悬挂系统就是把液压系统中的动力部分、控制部分、工作部分等液压元件都安装在一个壳体内，组成一个液压系统的整体。如天拖约翰迪尔804、654等机型没有单独的油箱，所用的工作油液是后桥中的齿轮油。

3. 半分置式液压悬挂系统

半分置式液压悬挂系统是将液压系统及悬挂系统半集成于一体。

二、农具提升缓慢、农具提升无力

1. 故障现象

当发动机以高速运转，分配器操纵手柄扳到"提升"位置时，农具提升时间较长，超过原规定要求（一般应不超过3.5 s），农具在提升中还有断续和抖动现象。驱动油泵的转矩不足，也是提升无力的原因。

2. 原因分析

农具提升缓慢并发生抖动的根本原因是液压系统中进入油缸的流量减少，油压建立缓慢或供油不连续，油压不稳定，其具体原因如下：

（1）油箱中缺油，使油泵供油量减少，油液外漏，致使油面低于吸油口。

（2）吸油管路有破损或油泵漏油，其容积效率降低，使油泵输出流量减少。另外，油流中虽无气，但压力太低。常见原因为油泵内部的密封圈或轴套腰部胶堵损坏而使高、低压区形成通路，尤以泵盖上的密封圈损坏为常见。油泵漏油可分为内漏和外漏两方面。油泵内漏是指油液由压油腔漏回吸油腔，外漏是指油泵内的油液向壳体外泄漏。漏损的大小与相配合零件表面间缝隙的大小、压油腔和吸油腔之间压力差的多少、油液的黏度等有关。

1）油泵内漏的部位

①主动齿轮、从动齿轮（见图3—1）端面和前、后轴套端面间隙的泄漏是油泵内漏的主要部位。由于卸荷片的密封圈长期使用后老化变质而丧失弹性，或齿轮端面和轴套端面磨损，使卸荷片密封圈的压缩量减小，在高压油的作用下，密封圈被挤入间隙而损坏。

②主动齿轮和从动齿轮的齿侧之间、轮齿顶端与油泵壳体之间由于长期使用而严重磨损，也会造成内漏。

2）油泵外漏的部位

①主动齿轮轴颈处自紧油封密封不严或损坏，会使油液漏入发动机油底壳。

②油泵出油口连接处密封圈损坏或连接螺钉松动。

③油泵壳体与泵盖的接合面处密封圈损坏或连接螺钉松动。

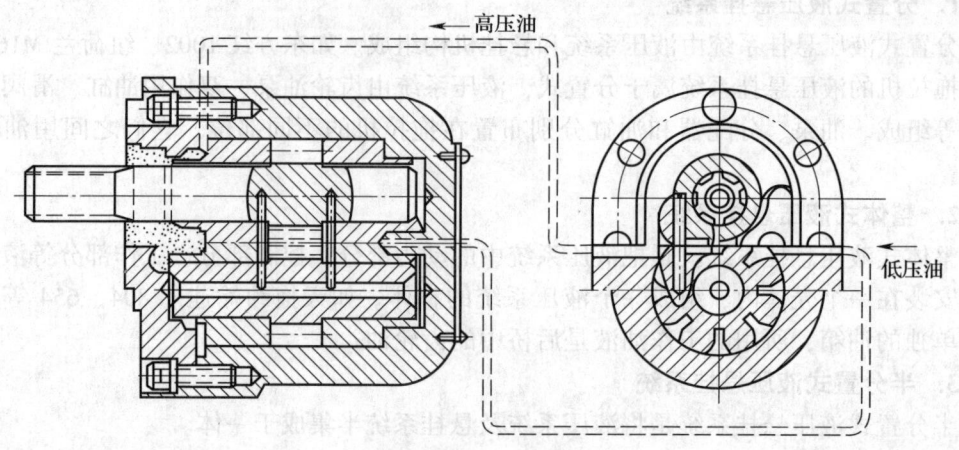

图 3—1 齿轮泵

(3) 分配器内部漏油,使液压悬挂系统的容积效率降低,进入油缸的流量减少。

1) 分配器滑阀 1 (见图 3—2) 密封不严,引起泄漏。

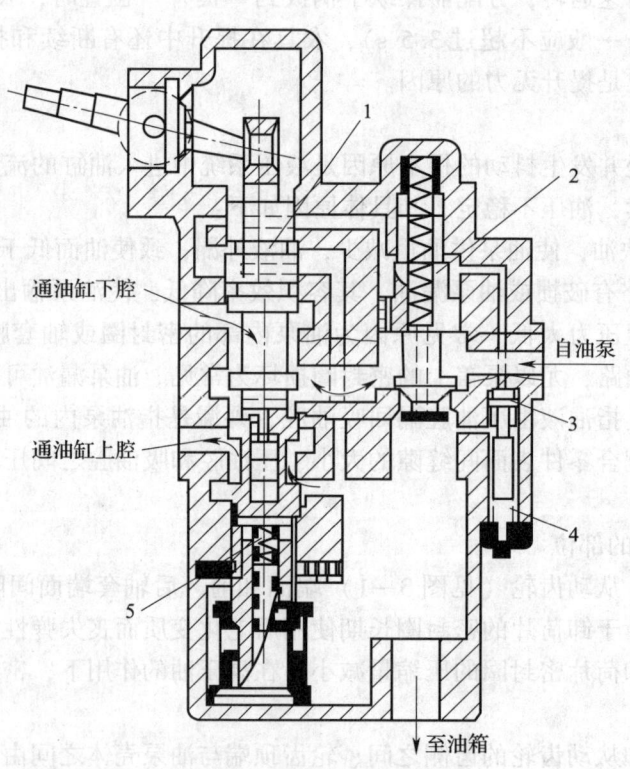

图 3—2 FP1—75A 型分配器
1—滑阀 2—回油阀 3—安全阀 4—安全阀弹簧 5—升压阀弹簧

2) 回油阀 2 与阀座磨损后配合不严,或阀与阀座密封锥面上黏附有杂物而关闭不严,引起泄漏。

3) 安全阀 3 与阀座配合不严,或安全阀与阀座密封带上黏附有杂物而关闭不严,引起泄漏。

（4）油缸内部泄漏，使油液从油缸的下腔窜入上腔。油缸活塞7（见图3—3）与缸体4磨损或活塞环槽内的密封圈6损坏而泄漏。活塞与活塞杆之间的密封圈损坏，油液从活塞与活塞杆间泄漏。

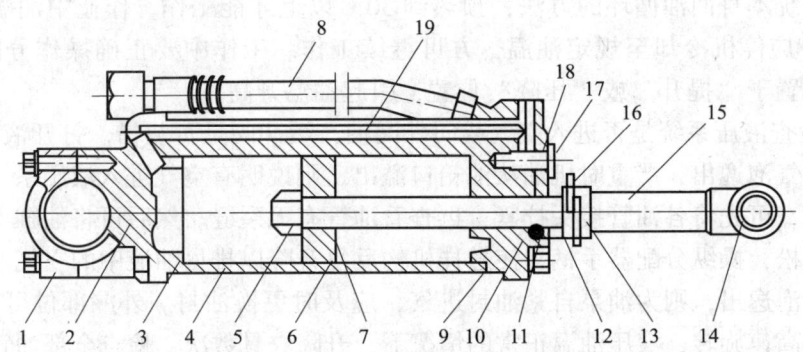

图3—3 YG—100型双作用油缸

1—后半盖 2—后盖 3、9、11—密封圈 4—缸体 5—锁紧螺母 6—密封圈 7—活塞
8—高压软管 10—前盖 12—防尘片 13—限位挡块托架 14—活塞杆头
15—活塞杆 16—限位挡块 17—限位阀 18—限位阀座 19—油管

（5）从吸油道吸入空气，使油液中有气泡，因此使供油不连续，油压不稳定，农具提升时抖动，提升缓慢。吸入空气的主要原因是油泵的吸油管路有缝隙（如进油管与油泵或油箱连接处密封不严或油管损坏）；主动齿轮轴颈自紧油封密封不严或损坏，油温过低，油液黏度大，吸油管路油液流动速度慢，形成真空，吸入空气。

（6）油路中阻力加大，以致进入油缸的流量减少，农具提升缓慢，其主要原因如下：缓冲阀阀片（见图3—4）的节流小孔被杂物堵塞，使提升时进入油缸下腔的油流阻力加大；缓冲阀装反（将缓冲阀错装入通往油缸上腔的油管接头内），提升时，油缸上腔回油阻力加大；油箱内的回油滤清器被杂物堵塞，使油缸上腔的回油阻力增大。

（7）油温过高或过低。温度对油液的黏度影响较大，一般正常工作时的油温在30~60℃范围内。温度过高，油液黏度降低，流动性增加，油液漏损增多，使进入油缸内的流量减少，农具提升缓慢。引起油温过高的原因如下：液压油箱中油量不足，循环次数相对增加，油液得不到充分的冷却；滤清器脏污堵塞，滤清器安全阀开启，油道阻力增大，使油温升高。

分配器手柄长时间处于"提升"或"压降"位置，液压系统长期超负荷，使油液迅速发热，油温过低，机油黏度大，流动缓慢，进入油缸的流量减少，使农具提升缓慢，冬季易出现此种情况。

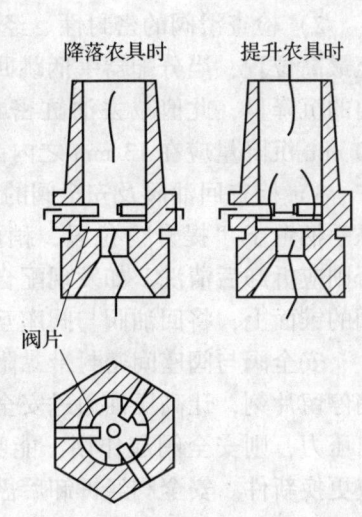

图3—4 缓冲阀

3. 检查与排除

当出现农具提升缓慢的故障时，可按下列步骤检查

及排除：

（1）检查油量、油质、油温是否正常。如缺油应予添加至规定油面高度，如油液不合规格或杂质较多应予更换黏度合适、洁净的机油，并应清洗脏污的滤清器。一般夏季使用 11 号柴油机机油，冬季使用 8 号柴油机机油。冬季作业之前，油温过低时，可利用液压系统本身回油循环的方法，预热到 30℃ 以上才能工作。作业中油温过高，超过 60℃ 时，应停机冷却至规定油温，方可继续工作。工作中要正确操作分配器手柄，防止长时间置于"提升"或"压降"位置，引起油温升高。

（2）检查液压系统是否进入空气或向外漏油，缓冲阀是否装错。打开液压油箱盖，如油面上有气泡逸出，严重时机油从油箱口溢出，则说明有空气进入液压系统。为了检查进气部位，可先将各油管接头拧紧，再查看油管有无裂缝。然后可将油缸上、下腔的放气螺塞旋松，操纵分配器手柄，使悬挂机构反复升降以排尽油液中的空气。如油箱液面上仍有气泡逸出，则为油泵自紧油封进气，应及时更换油封。外漏部位可直接观察，或在发动机高速旋转，液压油温正常的情况下，升降农具数次，检查全部油管接头和在油泵、分配器及油缸上可能漏油的部位。如发现漏油，应先紧固漏油部位的连接螺钉或螺母，再进行检查，如仍未消除漏油现象，则需要更换密封圈。当液压油箱油面显著降低而油底壳油面反而增高时，表明是油泵自紧油封漏油，应更换油封。

若缓冲阀装错，应调换后重装，识别方法是安装缓冲阀的油管接头的扳手肩部较宽。若缓冲阀节流小孔堵塞，应拆卸后清洗。

（3）经上述检查后，试将农具提升或降落，查看故障是否排除，如仍未排除则可能是液压系统内部漏油，应分别检查油缸、分配器各阀及油泵的密封性。

1）检查油缸的密封性。可采用静沉降法，即检查时装上配套犁，拆下限位挡块，起动发动机，当液压油预热到正常温度后，将犁提升到最高位置，按下限位阀，以封闭油缸下腔，拆下通向油缸下腔的软管接头，观察油缸接头孔是否向外漏油。如果漏油，则说明限位阀密封不严，应予更换；如果不漏油，可将发动机熄火，测量活塞杆在 30 min 内的沉降量，若沉降量超过 30 mm，则说明油缸密封不严，应拆卸检查和更换密封圈。

2）检查滑阀的密封性。经检查油缸的密封性正常时，装回软管接头，再将犁提升至最高位置，当分配器手柄跳回"中立"位置后（不按限位阀），记录活塞杆在 30 min 内的沉降量，此值减去油缸密封性的沉降量所得的差值，即为滑阀的沉降量。一般 30 min 沉降量应在 13 mm 之内；否则，说明滑阀与阀孔磨损，应进行修复或更换。

3）检查回油阀及安全阀的密封性。回油阀与阀座密封锥面黏附有杂物时，可将操纵手柄置于"提升"位置，稍停留片刻，使油液从回油阀泄油时冲洗回油阀及阀座；否则应拆卸后清洗。如发现配合锥面已磨出沟槽，关闭不严时，可用细研磨剂涂在回油阀的锥面上，将回油阀与阀座互相磨合，直至无渗漏为止。

安全阀与阀座间密封带黏附有杂物时，可将操纵手柄放在"提升"（或压降）位置稍停留片刻，让高压油通过安全阀泄漏而进行冲洗。此时，如系统油压能达到安全阀开启压力，则安全阀起作用，能听到尖锐的"嘎嘎"响声。安全阀与阀座磨出沟痕时，应更换新件。安全阀经拆卸后需重新调整开启压力。

经上述油缸、分配器各阀的密封性检查后，故障仍未消除时，则原因是油泵密封不严，造成内漏，使油泵的流量减少，油压降低。多数是油泵卸荷片密封圈损坏或齿轮与轴套端面磨损，需拆卸检查，更换已损坏的密封圈，轴套磨损严重时应进行修理，要求齿轮与轴套安装时轴套在壳体端面下沉不得大于 0.10 mm。当下沉量过大时，可在后轴套的小端处加垫片，垫片厚度以垫片、轴套和齿轮在装配后的总厚度与壳体平面平齐为准。下沉量仍过大时，应更换轴套。至于油泵壳体、齿轮顶端磨损引起的漏油，一般是在长期使用后产生的，应予修理或更换。

三、农具不能提升

1. 故障现象

当发动机以高速运转，分配器手柄扳到"提升"位置时，农具不能提升，有时分配器内有响声，或者操纵手柄扳到"提升"位置后立即自动跳回"中立"位置。

2. 原因分析

液压悬挂系统提升农具是靠油液的压力升高到能够克服悬挂农具的质量时，农具才能被提升。因此，农具不能提升的根本原因在于系统内油压过低，建立不起提升农具所需要的压力，或系统根本无油压，油液未进入油缸。其具体原因如下：

（1）上述"农具提升缓慢"的各种原因发展严重时，就使农具不能被提升。如油箱严重缺油，油泵、分配器和油缸严重磨损，密封破坏等引起大量内漏，都会使系统的油压过低。

（2）回油阀 2（见图 3—2）升起后卡死，来自油泵的机油大量从回油阀中流回油箱，使系统无法建立油压。

（3）安全阀弹簧 4（见图 3—2）弹力变弱或弹簧折断，压力调得过低，使安全阀的开启压力低于提升农具所需要的压力时，安全阀过早起作用，限制系统油压的升高，使农具不能被提升。

（4）升压阀弹簧 5（见图 3—2）弹力变弱、折断或调节螺钉松动，升压阀所控制的自动回位压力低于提升农具所需要的压力，以致农具尚未提升，分配器手柄过早跳回"中立"位置。

（5）油缸限位阀 17（见图 3—3）与限位挡块 16 的间隙调得过小或没有间隙。提升农具时，作用在限位阀上的油压无法克服活塞杆上的承载力而上升，油缸下腔的油路被堵塞，油液不能进入油缸。

3. 检查与排除

首先检查油箱是否严重缺油、油泵动力是否未接合、手柄位置是否弄错及农具是否超重等，然后再按下列步骤判断并排除。

（1）当分配器操纵手柄扳到"提升"位置时农具不能提升，且手柄自动跳回"中立"位置，如强制手柄在"提升"位置，分配器内发出安全阀起作用的尖锐的"嘎嘎"响声，发动机负荷增大，这表明油泵和分配器均属正常，如农具无超重，悬挂杆件也无卡死等情况，则为油缸限位阀与限位挡块的间隙过小，应将活塞杆上限位挡块的位置沿活塞杆向上移动，使其与限位阀之间留有 10~12 mm 的正常间隙。

（2）当分配器操纵手柄扳到"提升"位置时农具不能提升，手柄不能自动跳回

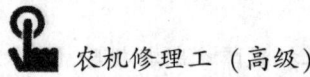

"中立"位置，发动机负荷也无变化，这表明液压系统内部有严重漏油，以致油压过低。至于内漏的部位，一般发生在油泵、分配器或油缸上，应逐一加以检查。为此可按下油缸上的限位阀，以堵死"压降"时的回油路，再将分配器手柄置于"压降"位置，暂用手固定，这时将出现下列两种情况：

1) 分配器的安全阀处发出尖锐的"嘎嘎"响声，发动机负荷显著增大，声音沉重，这是油泵与分配器工作正常的表现，故障原因产生于油缸中。一般为油缸与活塞上的密封圈损坏或活塞锁紧螺母松动而引起内漏，应予以更换或紧固。

2) 分配器无异常响声，发动机负荷也无变化，这表明故障原因为油泵或分配器严重漏油，应先检查分配器，再检查油泵。

分配器中回油阀卡在开启位置，可用锤子轻轻震击回油阀，可以克服卡滞现象回到关闭位置。

(3) 当分配器操纵手柄扳到"提升"位置时农具不能提升或抖动，手柄也不能自动跳回"中立"位置，分配器内有尖锐的"嘎嘎"响声，则表明安全阀开启压力过低，过早起作用，应在试验台上或用不拆卸检查仪器检查及调整安全阀。在无仪器和设备的条件下，可拆下安全阀罩，将分配器操纵手柄扳到"提升"位置，然后缓慢地拧入安全阀调节螺钉1/4~1/2圈，使系统内压力逐渐升高。当操纵手柄从"提升"位置自动跳回"中立"位置时，再将螺钉拧入1/8圈，使安全阀压力略高于自动回位压力，然后用锁紧螺母锁紧。安全阀弹簧折断时应予以更换。

(4) 当分配器操纵手柄扳到"提升"位置时农具不能提升，且手柄自动跳回"中立"位置，则表明升压阀所控制的自动回位压力过低，凭经验的调整方法，可拆下分配器下盖，取出止动封片，试用旋具将调节螺钉往里拧入1~3圈。装复后悬挂配套犁，能提升农具，提升后手柄能自动回位，分配器内又无尖锐响声（说明安全阀未起作用），则尚可使用。如升压阀弹簧折断应予以更换。

第九节　轮式拖拉机的常见故障与排除

常见故障及排除如下：

1. 发动机故障及排除（见表3—1）

表3—1　　　　　　　　　　发动机故障及排除

故障现象	故障原因	排除方法
发动机起动困难或不能起动	起动步骤不正确	检查起动步骤
	缺少燃油	检查燃油箱
	低压油路有空气	排出空气
	手油泵位于"升起"位置或活塞推杆卡在不供油位置	按下手油泵或旋转喷油泵凸轮轴
	天气寒冷	使用寒冷天气起动剂
	燃油系统被水或油泥堵塞	对系统排水或清洗油泥

续表

故障现象	故障原因	排除方法
发动机起动困难或不能起动	燃油过滤器堵塞	更换过滤器,清洗滤清器座
	喷油嘴脏污、烧结或卡死	检查并排除
	喷油泵燃油关闭电磁阀未复位	拧动钥匙开关至关闭位置,然后再开
	喷油泵齿条或柱塞卡滞	确认到底是喷油泵齿条还是柱塞卡滞,采取相应修理或更换措施
	喷油泵喷头回油阀失效	打开回油阀检查及更换损坏的零件
发动机敲缸	机油不足	加机油
	喷油泵未正时	检查并排除
	冷却液温度低	取下并检查节温器
	气门间隙过小	重新调校
	曲柄连杆机构某运动副磨损超限	更换
发动机转动不正常或熄火	冷却液温度低	取下并检查节温器
	油管或燃油过滤器堵塞	更换过滤器滤芯并清洗油管
	燃油系统有水、油泥或空气	对系统放水、冲洗管路或排气
	油箱通气阀堵塞	用溶剂清洗通气阀,吹干
	喷油嘴脏污或出现故障	检查并排除
	油门拉杆卡滞或折断	修理或更换
	调速器调整失效	检查或调整
低于正常发动机温度	节温器失灵	取下并检查节温器
	温度表或传感器失灵	检查温度表、传感器和接头
	热力耦合风扇锁死	检查并排除
发动机无力	发动机超负荷	减小负荷或换到低挡
	怠速慢	检查并排除
	进气受阻	保养空气滤清器
	油管或燃油过滤器堵塞	更换过滤器滤芯并清洗油管
	燃油质量差	使用正确型号的燃油
	气门间隙不正确	检查并调整气门间隙
	喷油嘴脏污或损坏	检查并排除
	喷油泵不正时	检查并调整
	喷油泵供油量不足	检查并调整
	涡轮增压器不工作	检查并修理
	排气管垫泄漏	检查并更换
	农具调整不当	检查并调整农具
	限烟器电磁阀失灵	检查并更换
	燃油管堵塞	清洗或更换燃油管

续表

故障现象	故障原因	排除方法
发动机无力	配重不当	根据负荷进行配重
	活塞环对口	检查、修理或更换
	活塞与缸套配合间隙过大	检查并更换
机油压力低	缺机油	加机油
	机油型号不对	放油，再加注质量和黏稠度的正确机油
	限压阀失效	修理或更换弹簧
机油消耗量大	曲轴箱机油太轻	使用黏稠度正确的机油
	漏机油	检查油管、密封垫和放油塞是否漏油
	曲轴换气管堵塞	清洗换气管
	活塞环对口或弹力失效	修理或更换
发动机冒黑烟	燃油型号不对或质量差	使用正确型号的燃油
	空气滤清器堵塞或脏污	保养空气滤清器
	发动机超负荷	减小负荷或换到低挡
	喷油嘴脏污或喷射压力低	检查并排除
	喷油泵供油时间过晚	检查并调整
	喷油泵供油量过大	检查并调整
	涡轮增压器出现故障	检查并排除
发动机过热	水箱栅格、油散热器或栅网堵塞	清除所有杂质
	发动机超负荷	减小负荷或换到低挡
	发动机缺机油	检查油位，根据需要加注
	冷却液缺乏	加注冷却液至正确液面，检查水箱、水管接头是否松动或泄漏
	水箱盖故障	检查并维修
	风扇传动带松弛或损坏	调整传动带松紧，根据需要更换
	热力耦合器失效	检修或更换
	冷却系统脏污或堵塞	冲洗冷却系统
	水泵损坏	更换水泵
	节温器出现故障	取下并检查节温器
	温度表或传感器出现故障	检查并排除
	燃油级别不符或质量差	使用正确的燃油
燃油消耗量大	燃油型号不对或质量差	使用正确的燃油
	滤清器堵塞或脏污	保养空气滤清器
	发动机超负荷	减小负荷或换到低挡
	气门间隙不正确	检查并调整气门间隙
	喷油嘴脏污或喷射压力低	检查并排除

续表

故障现象	故障原因	排除方法
燃油消耗量大	喷油泵供油量大或供油时间过晚	检查并调整
	农具调整不当	检查并调整农具
	发动机温度低	检查节温器
	配重过重	根据负荷调整配重
	涡轮增压器有故障	检查并排除

2. 传动系统故障及排除（见表3—2）

表3—2　　　　　　　　传动系统故障及排除

故障现象	故障原因	解决办法
传动油过热	传动液压油不足	用正确的油加注传动系统
	传动液压油散热器堵塞	清理散热器
	传动油过滤器堵塞	更换过滤器
传动回到空挡（动力换挡）	前进与倒车手柄在凹口滞留超过2 s	重新起动拖拉机
传动油压力过低（区域换挡）	传动液压油不足	用正确的油加注传动系统
	传动油过滤器堵塞	更换过滤器

3. 液压系统故障及排除（见表3—3）

表3—3　　　　　　　　液压系统故障及排除

故障现象	故障原因	解决办法
整个液压系统失去功能	传动液压油不足	用正确的油加注液压系统
	液压油过滤器堵塞	更换过滤器
	补油泵滤网堵塞	清洗滤网
	液压油散热器进气道堵塞	清洗液压油散热器
	高压内泄漏	检查并排除
液压油过热	传动液压油不足	用正确的油加注液压系统
	液压油散热器堵塞	清洗液压油散热器
	液压油过滤器堵塞	更换液压油过滤器
	液压油内泄	检查并排除
	农具的液压负荷与拖拉机不匹配	重新核算并处理

4. 制动系统故障及排除（见表3—4）

表3—4　　　　　　　　制动系统故障及排除

故障现象	故障原因	解决办法
无阻尼感（未起动）	系统中有空气	排出空气
制动踏板下落（未起动）	制动放气阀未正确关闭	检查并排除
踏板行程过大或后坐（已起动）	系统中有空气	排出空气
	制动放气阀未正确关闭	检查并排除

5. 悬挂架故障及排除（见表3—5）

表3—5　　　　　　　　悬挂架故障及排除

故障现象	故障原因	解决办法
运输过程中悬挂农机具与地面间隙不足	中央连杆太长	调整中央连杆
	提升连杆太长	调整提升连杆
	农具不平	调平农具
	农具调整不当	检查并调整农具
	上高限调整不正确	调整上高限控制旋钮
悬挂架不受手柄限制	手柄位置传感器电路或悬挂架位置传感器有故障	检查并排除
位置控制不良	力调（位调）混合控制钮错位	重新调整力调（位调）控制钮位置
	系统重新设定	启动系统
	校正保险被偶然移动位置	确保钥匙开关处于关闭位置，然后移动保险至备用位置
	手柄位置传感器电路或悬挂架位置传感器有故障	检查并排除
悬挂架下落缓慢	悬挂架下落速度设置不当	调整下落速度控制钮
悬挂架不能提升或提升缓慢	悬挂架负载过重	减小负载
	上高限设置不当或错误提升	调整上高限控制旋钮
农具不能以要求的深度作业	提升连杆太短	调整提升连杆
	牵引传感器失灵	更换
悬挂架对牵引负荷反应不灵敏或无反应	力调（位调）混合控制钮错位	重新调整力调（位调）混合控制钮位置
	系统重新设定	启动系统
	下落速度太慢	调整下落速度旋钮
悬挂架过于灵敏	力调（位调）混合控制钮设置不当	重新调整力调（位调）混合控制钮位置
后部升降开关不能移动悬挂架	升降开关、接头或线路有故障	检查并排除
悬挂架报警指示闪动	一个或多个悬挂架部件出现故障	检查并排除

6. 选择控制阀（SCV）故障及排除（见表3—6）

表3—6　　　　　　　　选择控制阀（SCV）故障及排除

故障现象	故障原因	解决办法
选择控制阀限量阀钮不能转动	有污物沉积	清除限量阀下的污物
分置油缸不能提升	流量受阻	反复运行选择控制阀手柄
	负荷过大	减小负荷
	农具上的油管未完全装好	正确连接油管
	分置油缸规格不对	使用规格正确的油缸

续表

故障现象	故障原因	解决办法
分置油缸运行速度太快或太慢	作业速度不正确	调整作业速度
分置油缸运行方向颠倒	油缸连接不正确	正确连接油管
油管连接不上	油管外接头不正确	更换符合标准的接头
	棘爪选择钮位置不对	把棘爪选择钮拧到正确位置
	某些农具有压力限制	通过改变限量阀设定值减小流量
	流量控制或棘爪释放设定值不当	调整棘爪泄压值
选择控制阀手柄松不开	棘爪选择钮未在自动位置	拧动选择钮至正确位置
	某些农具内部压力泄漏	通过改变限量阀设定值增加油流量
	流量控制或棘爪设定值不正确	调整棘爪泄压设定值

7. 电路系统故障及排除（见表3—7）

表3—7　　　　　　　　电路系统故障及排除

故障现象	故障原因	解决办法
当电瓶电压低时，电压指示信号闪动（钥匙开关在开启处且发动机停止）	开闭操作过于频繁	让发动机运行时间长一点
	电瓶有故障	检查电瓶液面和规定密度
	充电电压低	检查并修理
	指示信号失灵	检查并修理
电压和保养报警指示信号闪动，指示充电电压低（发动机转动）	发动机转速低	提高发动机转速
	传动带打滑	检查传动带松紧
	电瓶有故障	检查电瓶液面和规定密度
	发电机故障	检查并修理
	电器负荷过大	减小负荷
电压和保养报警指示信号闪动，指示充电电压过高	连接发电机的接头出现故障	检查线路连接情况
	调压器有故障	检查并修理
电瓶充不上电	接头松动或腐蚀	清理并拧紧接头
	电瓶被硫酸铅覆盖或电耗尽	检查电瓶液面和规定密度
	发电机传动带松动或断损	调整传动带松紧或更换传动带
启动马达不工作	换向手柄在挡位上	将换向手柄置于空挡
	启动马达安全开关调整不当或电磁阀失灵	检查并修理
	接头松动或腐蚀	清洗并拧紧松动的接头
	电瓶输出电压低	检查并修理
	熔丝熔断	更换熔丝
启动马达转速缓慢	电瓶输出电压低	检查电瓶液面和规定密度
	油底壳机油太稠	使用正确黏度的机油
	接头松动或腐蚀	清理并拧紧松动的接头

续表

故障现象	故障原因	解决办法
灯光系统不工作而其他电路系统正常	熔丝熔断	更换熔丝
	灯泡烧坏	更换灯泡
整个电路系统不工作	电瓶接头故障	清理并拧紧接头
	电瓶被硫酸铅沉淀覆盖或电耗尽	检查电瓶液面和规定密度
	熔丝熔断	更换熔丝
加压风扇故障	风扇不工作	检查所有风扇熔丝
加压风扇只能在排出室内空气位置上使用	风扇电阻总成烧毁	检查并修理

第4单元

零件鉴定与修复

- 第一节 零件的鉴定/50
- 第二节 零件的修复/61

第一节 零件的鉴定

一、壳体类零部件几何误差的测量

1. 零件鉴定检验的主要内容和基本方法

零件从机器上拆下后,需要通过各种检查、试验鉴别其技术状态,确定是否需要修理及采取修理措施。对修后的零件质量也应认真检验。

(1) 零件鉴定检验的主要内容

1) 修前鉴定内容

①零件的磨损情况。如检查和测量零件在长度、高度、宽度、直径方向配合表面的磨损情况。

②零件几何形状变化情况。如测量零件的圆度、圆柱度、平面度、直线度、弯曲度、扭曲度等。

③零件间相互配合关系变化情况。如间隙、过盈、齿轮的啮合情况等。

④零件间相互位置关系变化情况。如零件间的同轴度、垂直度、平行度等。

⑤零件表面及内部状况。如变形、腐蚀、剥落、伤痕、裂纹等。

2) 修后质量检验内容

①零件材料性质。如金属成分、渗碳层的含碳量与厚度、各部位材料的均匀性等。

②零件物理、化学、力学性能。如弹力、硬度、韧性、耐腐蚀性、耐高温性等。

③零件表层材料与基体金属的结合强度。如电镀、喷涂、堆焊等镀层或喷涂层与基体金属的结合强度。

④零件的质量与平衡。如活塞、活塞连杆组的质量差需要检查。一些高速转动的零件,如曲轴、飞轮组等需要进行平衡试验。

⑤零件的内部缺陷。如铸铁是否有砂眼、气孔,焊缝与基体金属的结合部位是否有裂纹等。

(2) 零件鉴定检验的基本方法

1) 感觉检验。不使用量具和仪器,仅凭鉴定人员的经验和感觉来判断零件的好坏。这种方法对于缺陷明显、技术要求不严的零件可以采用。

①目测。用目测或借助于放大镜,可以鉴定零件外表严重的损伤、磨损和零件材料表面的显著恶化。如气缸体、气缸盖等零件较大的破裂;齿轮和滚动轴承表面疲劳剥落;喷油器和排气门的严重烧损;离合器和制动器摩擦材料的磨损、烧损等。

②声音判断。用锤子轻轻敲击零件要检查的部位,从发出的声音判断其内部有无裂纹,连接是否紧密。一般完好的零件发音清脆,有缺陷的零件发音哑浊。用这种方法可以鉴定连杆等的裂纹,轴承合金与基体的结合是否紧密,铆钉连接和螺钉连接是否紧固等。

③浸油锤击。将零件浸入煤油中,浸一段时间后取出,将表面擦干,撒上一层白粉,然后用锤子轻轻敲击零件,如果有裂纹,则由于锤击振动,使已渗入裂纹内的煤油

从裂纹中渗出，白粉脏污处即为裂纹处。用这种方法能检查零件表面的裂纹、气孔等。

④用手感觉。一般零件在拆卸过程中，用手能够粗略地感觉出其配合间隙，对于过大或过小的间隙，不必用量具，仅通过相对晃动量来判断。如气门杆和气门导管的间隙、滚动轴承的径向和轴向间隙等都可用此法检验。

2) 量具检验。零件和配合件的尺寸、间隙、几何形状的偏差、圆柱度、平行度等需要用量具测量，将测得的尺寸值与修理技术标准中的规定值进行比较，以判断零件的技术状态。

常用的量具有游标卡尺、千分尺、百分表等。

3) 专用仪器检验。专用仪器可用来检查和判断技术性能及零件的隐蔽缺陷。常用的专用仪器有以下几种：

①喷油泵试验台。用以检查、调整各型喷油泵的供油量和供油均匀性、最大供油压力、各缸供油间隔角、调速器的调速性能、输油泵的输油压力和输油量等。

②机油泵试验台。用以检查及调整机油泵的供油压力、供油量，滤清器的通过能力、密封性，油压表指针指示的准确度等。

③喷油器试验器。用以检查及调整喷油器的喷射压力、喷油雾化质量、喷油器针阀副的密封性能等。

④弹簧试验器。用以测定各种弹簧及活塞环的弹力。

⑤连杆校正器。用以检验连杆的弯曲度和扭曲度，并对连杆的变形进行校正。

⑥水压试验台。用以检查机体、缸盖、散热器等是否有裂纹并确定裂纹的部位。

⑦测功机。用以测定发动机的功率、耗油率，并能对发动机进行磨合试验。

⑧电器万能试验台。用以检验电气系统各种设备的性能，并能对蓄电池充电，对磁电机充磁等。

⑨磁力探伤机。用以检验由钢铁制成的零件表层或接近表层的裂纹、孔眼、夹渣等缺陷。

2. 东方红 LF80 – 90 型发动机典型零件的鉴定

零件通过修理前鉴定，通常可分为继续使用的、可修的和报废的三类。

（1）气缸体、气缸盖的鉴定

1) 裂纹和破孔的鉴定。明显裂纹和破孔可直接观察出来，细微裂纹可用水压试验进行检验。进行水压试验时，压力为 $(3 \sim 5) \times 10^5$ Pa，5 min 内无渗漏现象（压力不下降）说明无裂纹；若有渗漏时，在渗漏处（即裂纹处）做上记号以便修理。

气缸体或气缸盖的裂纹和破孔可根据具体情况，分别采用以下方法进行修理：

①补板法。此法适用于修补气缸体外部平面部位的裂纹与破孔，如曲轴箱侧壁破裂等。

②栽钉法。此法可用于修复表面形状复杂而不便补板的裂纹或短裂纹，如两缸之间、进气门与排气门座之间、气门座与燃烧室之间的裂纹等。

③镶套法。此法可用于修复气缸盖螺栓孔处的裂纹。

④胶接粘补法。对于受力不大部位的缺陷，可直接用胶粘接或粘补；对于受力较大部位的缺陷，如没有高强度结构胶，还需要采用机械加力措施。

⑤焊补法。此法适用于修复气缸体、气缸盖等受力较大部位的裂纹和内部裂纹。

2）平面翘曲的鉴定。用检验平尺放在被检验平面上，观察接触处漏光情况，并用塞尺测量漏光处缝隙的大小。平面度误差大时，需用以下方法进行修理：

①磨削。当平面度误差大于 0.20 mm 时，可在平面磨床或专用设备上磨平；平面度误差大于 0.25 mm 时，可刨削或铣削平面，但应尽量减少加工量，修平即可。

②刮削。当平面翘曲较小或缺乏设备时可以用手工刮削。

③研磨。轻微翘曲时，可在气缸体与气缸盖结合平面之间加入磨料互研。

气缸体、气缸盖结合平面经修理后，允许有不大于 1 cm^2 的未修处，但应距平面的边缘 10 mm 以内。气缸盖磨削总量不得超过 1.5 mm。当气缸体的磨削量超过 0.3 mm 时，应适当加厚气缸垫，以保持原压缩比不变，并防止活塞顶撞气门。

3）主轴承座孔的鉴定。首先按规定扭矩拧紧主轴承盖。用内径百分表分别测量各主轴承座孔直径，每个座孔测量平行和垂直于气缸轴线两个方向，距端部为 8~10 mm 的两个部位。然后计算各座孔的磨损量、圆度和圆柱度误差。再将检验杆插入座孔中，用塞尺测量座孔与检验杆之间的间隙，算出各座孔相互之间的同轴度误差。当圆度误差大于 0.005 mm，圆柱度误差大于 0.04 mm，同轴度误差大于 0.15 mm 时，应进行修理。主要采用喷涂、镶半圆环法进行修理。

（2）气缸套的鉴定

首先采用观察、触摸等方法检查气缸的内、外表面有无机械损伤及其损伤的程度；然后利用量具测量气缸工作表面的磨损量以及圆度和圆柱度误差，从而对气缸技术状态做出全面鉴定结论。

1）技术状态检测

①测量部位如图 4—1 所示，Ⅰ—Ⅰ、Ⅱ—Ⅱ 和 Ⅲ—Ⅲ 分别为活塞在上止点时，第一道气环、第三道气环和活塞裙部下部所对应处；Ⅳ—Ⅳ 为活塞在下止点时上油环所对应处。A—A 为横向（与曲轴轴线垂直方向），B—B 为纵向（曲轴轴线方向）。

②测量方法如图 4—2 所示，先将缸套内表面擦净，测量时，应将量杆倾斜，使活动量杆先进入气缸套，轻轻移至测量位置，然后使量杆垂直于气缸套轴线进行测量。为

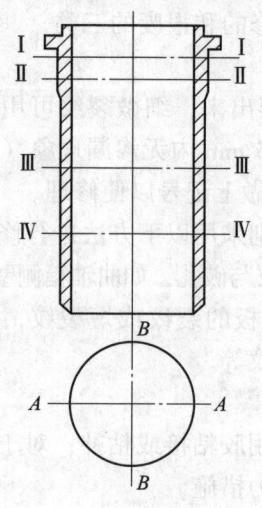

图 4—1 气缸套测量部位

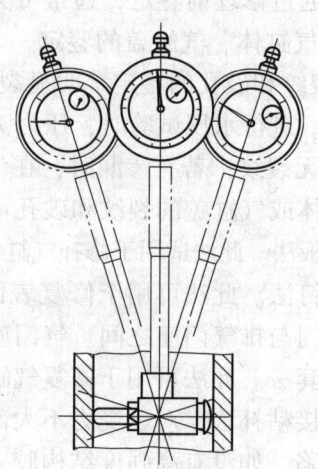

图 4—2 气缸套测量方法

了得到准确的读数,稍微左右摇摆表杆。摆动过程中读出表针极限位置读数,即为该位置的实际偏差,将此偏差值加上公称尺寸,就是该位置的气缸套直径。

当移至另一个测量位置时,应将表杆倾斜,把活动量杆提起,轻轻移动,以减少量杆的磨损。同时将其测量的数值记录在气缸鉴定表中,见表4—1。

表4—1　　　　　　　　　　　气缸鉴定表　　　　　　　　　　　年　月　日

拖拉机型号					入厂(站)修理编号			
测量位置	第一缸		第二缸		第三缸		第四缸	
	$A—A$	$B—B$	$A—A$	$B—B$	$A—A$	$B—B$	$A—A$	$B—B$
Ⅰ								
Ⅱ								
Ⅲ								
Ⅳ								
圆度误差								
圆柱度误差								
最大磨损量								
处理意见								
气缸原直径			千分尺号码				鉴定人	
修后直径			百分表号码					

③数据计算

a. 圆度误差。从剖面Ⅱ到剖面Ⅳ范围内,测量气缸套同一横剖面内各直径,其最大与最小直径差的1/2为该剖面的圆度误差。各剖面上所测得数值中的最大值为该气缸的圆度误差。

b. 圆柱度误差。从剖面Ⅱ到剖面Ⅳ范围内,测量气缸套同一纵剖面内各直径,其最大与最小直径差的1/2为该剖面的圆柱度误差。各剖面上所测得数值中的最大值为该气缸的圆柱度误差。

c. 缸套与活塞的配合间隙。在剖面Ⅲ所测得的 $A—A$ 或 $B—B$ 方向最大直径与活塞裙部下端对应部分直径之差。

d. 最大磨损量。在剖面Ⅰ所测得的 $A—A$ 和 $B—B$ 方向最大直径与未磨损直径之差。

2) 修理方法的确定

①当圆柱度误差大于0.10 mm,圆度误差大于0.04 mm,或拉伤深度大于0.25 mm时,应按修理尺寸镗缸、磨缸,然后换用相应加大尺寸的活塞。

②可按现有活塞尺寸镗缸、磨缸。此时修理尺寸等于活塞裙部尺寸加上0.06~0.20 mm。

③圆度、圆柱度误差不大,仅是配合间隙超限时(大于0.4 mm)可不进行镗缸、磨缸或只进行磨缸,而对换用的活塞稍加修整即可。

④多次镗缸后或气缸有裂纹、严重穴蚀、拉伤及其他原因时,则应更换缸套或进行镶套。

(3) 活塞的鉴定

1) 技术状态检测。鉴定时,用观察方法检查活塞有无严重的机械损伤,如裂纹、环槽塌边及较深的刮痕等。然后用量具分别检查活塞环槽、销孔和裙部的磨损、变形情况。检查部位如图4—3所示。

①活塞环槽磨损的检查。一般是用新的标准活塞环放入环槽中,测量其对口隙的大小,从而确定环槽的磨损程度。

②活塞销孔的检查。在两边销孔长度上各取两个截面,在每个截面上取互相垂直的竖直与水平两个方向。用内径百分表测量磨损后的销孔直径尺寸,然后计算出圆度误差和圆柱度误差,并结合活塞销直径的测量,确定它们配合关系改变的程度。

③活塞裙部磨损的检查。检查方法是用千分尺进行测量,测量时应选择活塞裙部上下两个水平截面(Ⅰ、Ⅱ),在每个截面上测量A—A、B—B两个方向的直径尺寸。最后计算出圆柱度误差、圆度误差与气缸配合间隙。

将以上测量的数据记录在活塞鉴定表中,见表4—2。

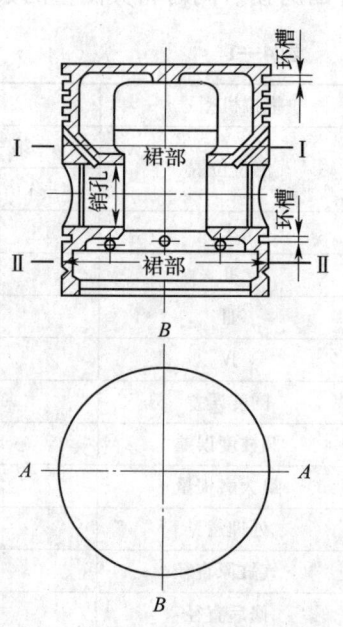

图4—3 活塞的主要检查部位

表4—2 活塞鉴定表

拖拉机型号									
测量位置		第一缸		第二缸		第三缸		第四缸	
		A—A	B—B	A—A	B—B	A—A	B—B	A—A	B—B
裙部	Ⅰ								
	Ⅱ								
	圆柱度误差								
	圆度误差								
	与气缸配合间隙								
销孔	直径尺寸								
	与活塞销配合间隙								
环槽与活塞环配合间隙									
处理意见									
千分尺号码				百分表号码			鉴定人		

2) 修理方法的确定

①可以继续使用的活塞。当活塞无裂纹和其他严重机械损伤,并符合下列情况时,可以继续使用:

a. 活塞与气缸、销孔与活塞销以及环槽与活塞环的配合间隙均未超过允许不修的数值，可继续使用到下次修理。

b. 活塞与气缸的配合间隙已超过允许不修的数值，但活塞本身的磨损较轻，且裙部磨损很少，环槽与活塞环、销孔与活塞销的配合间隙均未超限。这时若更换新的缸套，活塞与气缸的配合间隙尚能满足技术条件要求时，可以继续使用。

c. 活塞与气缸的配合间隙还可以使用到下次修理，而销孔与活塞销、环槽与活塞环的配合间隙虽然已经超过允许不修的数值，但是活塞销的直径经加大修理后，或者更换新的活塞销和活塞环后，其配合关系能满足技术条件要求时，活塞仍可继续使用。

②报废活塞。活塞存在下列条件之一的应予报废：活塞产生裂纹；活塞环槽磨损严重，或已有塌边的地方；活塞销孔尺寸已磨损到极限尺寸；活塞表面有严重拉痕，或直径已磨损到极限值。

(4) 曲轴的鉴定

1) 技术状态检测

①轴颈损伤的检测。损伤严重时，可用肉眼或借助放大镜观察出；不明显裂纹或损伤，可用浸油锤击法或探伤仪来检查。如轴颈表面的划痕及纵向裂纹较浅，能通过表面光磨后消除的，则该曲轴可继续使用；否则应予更换。但对于横向裂纹，在交变载荷的作用下会逐渐扩大，易导致曲轴断裂，应采取堆焊的方法加以修复或更换曲轴。

②轴颈磨损的检测。一般用千分尺测量轴颈尺寸，每个轴颈测量两个位置，每个位置测量两个方向，如图4—4所示。两个部位两个方向上最大与最小直径差值的1/2为圆度误差；同一方向两个部位上最大与最小直径差值的1/2为圆柱度误差。所测量最小直径与原有基准直径的差值为最大磨损量。

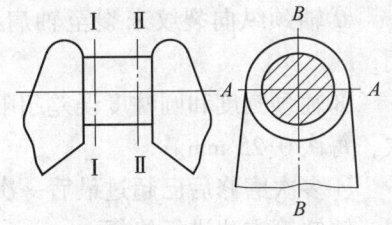

图4—4 轴颈测量部位

③曲轴弯曲、扭曲的检测。将曲轴置于平台上的两个V形架上，再将千分表测头放在中间主轴颈上，然后缓慢转动曲轴一圈，其指针径向跳动量的一半即为曲轴的弯曲量。检查扭曲时，将曲轴首、末连杆轴颈转至水平位置，然后用游标高度尺或千分表测量这两段轴颈距平台的高度，其高度差值即为曲轴的扭曲量。将所测得的值填入曲轴鉴定表中，见表4—3。

表4—3　　　　　　　　　　　　　曲轴鉴定表

项目	顺序		第一道		第二道		第三道		第四道		第五道	
			A	B	A	B	A	B	A	B	A	B
主轴颈	直径	I										
		II										
	圆度误差												
	圆柱度误差												
	磨损量												

续表

项目\顺序			第一缸		第二缸		第三缸		第四缸	
			A	B	A	B	A	B	A	B
连杆轴颈	直径	I								
		II								
	圆度误差									
	圆柱度误差									
	磨损量									
项目			修前				修后			
曲轴	弯曲									
	扭曲									
处理意见										
鉴定人										

2）修理方法的确定

①当所测曲轴的弯曲量小于0.2 mm，扭曲量小于0.5 mm时，可不矫正，在光磨轴颈时予以消除；弯曲量大于0.2 mm时，应矫正；扭曲量大于0.5 mm时，应予报废。

②轴颈纵向裂纹未裂至轴肩或油孔处，横向裂纹经光磨后能消除者，可继续使用。

③轴颈圆度和圆柱度误差超限时（一般大于0.05 mm）应进行磨修。通常可磨修6次，每次0.25 mm。

④多次磨修后已超过最后一次修理尺寸时，可采用金属丝喷涂、振动堆焊、埋弧堆焊、镀铁等方法进行修复。

⑤曲轴断裂时，可采用焊接方法修复。

二、零件修复工艺编制方法

1. 零件修复方法的选择原则

对于某种待修零件，可能用几种方法都可修复，但用哪种方法最好，这就要对零件的修复方法进行选择。在选择零件的修复方法时通常遵循以下三条原则：

（1）生产上的可行性

生产上的可行性是指企业在修复零件时生产上是否可能，主要是指生产手段、技术力量、管理水平是否允许。

1）生产手段。维修企业一般是根据零件的损伤形式、修复件的技术要求等决定采用哪种修复方法。但本企业能否承担这样的任务，取决于是否具备生产手段，如果不具备，是否能靠协作进行修理。

2）技术力量。企业有了生产手段，旧件修复是否能投入生产，这要取决于企业本身的技术力量。在技术力量薄弱的情况下投入生产，会影响产品质量和企业的经济效益。

3) 管理水平。要求企业管理人员应具备用现代科学方法管理企业的能力。

(2) 质量上的可靠性

零件修复后，应保证其可靠的力学性能，主要指标有修复层与基体的结合强度、修复层的耐磨性、修复层对零件疲劳强度的影响等。

大量经验表明：手工电弧焊修复层抗拉强度比较高，但很不耐磨；镀铬比45钢淬硬更耐磨，但磨合性不好；振动堆焊层、镀铁层与45钢淬硬差不多；电弧金属喷涂层抗拉强度低，但因喷涂层结构是多孔状，可以存油，所以耐磨性最好；等离子喷涂采用硬质合金粉末，喷涂层的耐磨性大大提高；振动堆焊对零件的疲劳强度影响较大，故许多修理厂规定不用振动堆焊修复转向节、半轴套管等零件。

(3) 经济上的合理性

待修与报废件的主要区分标志就是经济上的合理性。经济上合理就修复，否则应当作废品处理。衡量零件修复经济上是否合理，通常采用以下两种方法：

1) 成本比较法。这是修理企业经常采用的一种方法，就是零件的修复成本小于新件成本时，修复才是合理的，即：

$$C_P < C_H$$

式中　C_P——零件的修复成本，元；

　　　C_H——零件的制造成本，元。

有时也用零件修理费用与购买费用做比较决定，如果买件比修件合适，就不进行修理。

2) 耐用系数法。修复零件的使用寿命与新制零件使用寿命的比值称为耐用系数。引入耐用系数后，对零件修复是否合理用下式判断：

$$C_P \leq K_i C_H$$

式中　C_P——零件修复成本，元；

　　　K_i——修复零件的耐用系数；

　　　C_H——零件制造成本，元。

耐用系数值可按耐磨性、屈服强度、结合强度等进行考察。在一定条件下，上述各系数只有一种起主导作用，对零件的使用寿命有主要影响。计算时，取主要有影响的作为耐用系数K_i。当有多个K_i时，取数值中最小的K_i值进行计算。各种修复方法的耐用系数值见表4—4。

表4—4　　　　　　　　　　各种修复方法的耐用系数值

编号	修复方法	耐用系数K_i 耐磨系数K_1	屈服强度系数K_2	疲劳强度系数K_3	结合强度系数K_4
1	手工电弧焊	0.7	0.95	0.60	1.00
2	气体保护焊	0.72	0.95	0.90	1.00
3	振动堆焊	1.00	0.90	0.52	0.98

续表

编号	修复方法	耐用系数 K_i 耐磨系数 K_1	屈服强度系数 K_2	疲劳强度系数 K_3	结合强度系数 K_4
4	气体喷涂	1.50	0.85	0.90	0.98
5	镀铬	1.67	0.95	0.97	0.82
6	镀铁	0.91	0.95	0.82	0.65
7	附加零件法	0.90	0.75	0.90	1.00
8	机械加工	0.95	0.80	0.90	1.00

2. 编制零件修复工艺需要注意的问题

(1) 确定工艺过程

针对所选定的修复方法，确定工艺过程，对磨损表面采用修补修复时，一般需要分成三个阶段进行，即修补前表面的准备工作、表面修补加工和修补后精加工。

(2) 拟定工艺路线

即将零件修复的工序，按加工顺序进行排列。

1) 切削加工顺序的安排。先粗后精，各表面的加工工序由粗到精交叉进行；先主后次，先安排主要工作表面的修复加工，然后完成其余表面的加工；基准面先完成修复加工，然后才能进入表面修复加工；先面后孔，对于箱体、支架、连杆等零件，因为在工艺过程中总是以面为基准，所以应将面加工完成后再进行孔加工；变形矫正应该放在切削加工前进行。

2) 热处理方法的选择。冷矫正后的零件需要进行去应力处理，一般采用人工时效、退火及高温去应力处理。对经过调质或正火处理的零件，去应力处理的加热温度为450～500℃，保温0.5～2 h；对经过表面淬硬的零件，加热温度为200～250℃，保温5～6 h。

3) 辅助工序的安排。检验工序是主要的辅助工序，是保证质量的重要措施。除了各工序操作者自检外，下列场合还应单独安排检验工序：重要工序前后；送往加工前后；特种性能检验，如磁力探伤、密封性试验等；加工完毕，进入装配时。

此外，去毛刺、倒钝锐边、去磁清洗、涂油等都是不可忽视的必要的辅助工序。如若缺少或要求不严将给装配工作带来困难，甚至影响零件的工作性能。例如，修锉活塞环端间隙后不去毛刺或锐边，活塞环工作时，将使气缸表面拉毛。

4) 修复配合表面要注意先后加工次序。为了保证配合性质，在修理过程中相配合的表面常采用单配的办法进行加工，如曲轴主轴颈与主轴瓦间的配合，为了保证配合间隙，总是根据修磨后主轴颈的实际尺寸，来确定轴瓦的镗削尺寸。

3. 零件修复工艺实例

(1) 犁铧修复工艺

1) 磨刃工艺。刃厚大于2.0 mm，刃部形成背棱，刃角和颈线刃角也都变大。此时应把犁铧拆下，用砂轮重新磨刃，恢复刃厚标准尺寸0.5～1 mm。

2）加热工艺。将犁铧刃部向下立放在烘炉火口上，沿犁铧宽度的2/3加热900～1 100℃（浅红色）。为加热均匀需在送风口处加装特制的送风喷嘴，并在加热时随时前后拉动犁铧。

3）展延工艺。取出加热好的犁铧，工作面向下放于砧面上，用横口锤延展备料处。为控制犁铧与犁壁接缝处的变形，延展时应先中段，后两端。加热温度不得过高，锻延温度不得低于800℃。

4）整形工艺。延展后的犁铧用犁铧样板检查，用刹子切齐边角。然后再全部加热，工作面向上放在砧子台阶处，用横口锤锻出工作曲面，并以符合犁铧曲面样板为标准。

检查犁铧与犁壁接合处的直线度，如超过1.5 mm，用低碳钢焊条堆焊，然后用砂轮磨平；小于1.5 mm时用砂轮直接修平。

5）磨犁铧。用砂轮磨出刃口，刃厚0.5 mm，最厚不得大于1 mm；刃角25°～40°；颈线刃角50°±3°；斜面宽5～7 mm。

6）焊接工艺。备料已不足用时，把刃部切齐，用废犁铧锻成补块，尺寸形状由样板决定。然后将犁铧和补块磨出4 mm×45°的双面焊口，对好后由两面的两端接合处点焊起来，先工作面，后背面焊接，边焊边用锤子敲击，以保证接合均匀牢固（焊接犁铧时通常采用ϕ3～4 mm中碳钢焊条；电流为90～130 A）。焊后加热至800～900℃，边焊边打平，并锻出工作曲面，然后磨刃。焊接后犁铧工作面应光洁，无裂纹；铧刃允许向工作面凸起不大于4 mm，局部凹下不得大于1 mm。铧尖允许有半径不大于2.5 mm的圆角。

7）热处理工艺。

①淬火。将犁铧刃部向下立放在烘炉火口中，按铧宽1/3处（25～40 mm）加热，前后拉动犁铧观察加热火色，至加热带全部呈现均匀的樱红色时（850℃），用手钳夹出，工作面向上置于砧面台阶处，用锤子敲击中段使工作面有6～8 mm的预弯度，然后用手钳夹持铧刃中段，以尖部倾斜向下浸水预冷，找均加热带，再将淬火带浸水1/2～2/3稍停1～2 s，随之垂直浸入水槽深处不断左右移动。

②65碳钢淬火：将加热820℃的犁铧垂直浸入水中，然后取出置于空气中冷却。水温20～40℃，水内可加入5%食盐或1%碳酸钠。65锰钢淬火：将加热830～850℃的犁铧预冷至760～790℃时，迅速浸入水槽深处冷却至200℃左右，再置于空气中冷却。回火一般采用淬火后余温回火，即淬火余温为200℃左右，置于空气中冷却。另外可用介质加温回火，一般采用油加温，即将犁铧加热230～250℃时，保温40 min，置于空气中冷却。回火应在淬火后8 h以内进行。

8）矫正工艺。犁铧淬火后变形不大者可趁余温从凸面洒水矫正，变形较大者，可趁热用大锤矫正。

9）检查硬度。用锉刀打磨刃口，以打滑不掉铁屑为准，最好用硬度计检查。其硬度应为47～63HRC，非淬火区硬度不大于33HRC。

（2）曲轴修复工艺

东方红LF80-90型拖拉机曲轴喷涂修复工艺规程见表4—5。

表 4—5　　　　　东方红 LF80-90 型拖拉机曲轴喷涂修复工艺规程

工序	作业名称	作业内容及技术要求	设备、工具及量刃具
1	清洗	(1) 用金属清洗液洗净内、外表面及油道内的油污、杂质 (2) 用压缩空气吹净内、外表面及油道	空气压缩机、清洗盘、毛刷
2	裂纹检验	用着色探伤剂对各轴颈表面进行裂纹检验，技术要求： (1) 允许油孔四周有长度不大于 5 mm 的短、浅裂纹 (2) 允许未延伸到轴颈圆角和油孔的纵向裂纹长度为 10～15 mm (3) 轴颈根部不允许出现横向裂纹，否则曲轴作报废处理	着色探伤剂
3	变形检查	(1) 弯曲检查 (2) 扭曲检查	平板、V 形架、百分表及支座
4	轴颈磨损检查	(1) 检查主轴颈的磨损 (2) 检查连杆轴颈的磨损 (3) 检查装曲轴正时齿轮部位轴颈的磨损 (4) 检查装曲轴带轮部位轴颈的磨损	千分尺
5	弯曲矫正	冷压矫正： (1) 压头与轴颈的接触面间要垫铜垫或铅块，防止轴颈表面产生压印 (2) 矫正时，沿曲轴弯曲的反方向，对中间轴颈施加压力，矫正量为弯曲量的 10～15 倍，保压时间 1.5～2 min (3) 如弯曲量大于 1.0 mm，应分多次进行矫正	压力块、V 形架、千分表及支座
6	定形热处理	加热温度 150～200℃，保温 5～6 h，有条件时，宜将曲轴悬吊放在加热炉内，防止曲轴变形	井式加热炉
7	喷涂前整形	轴颈表面磨削整形直至曲轴上各轴颈表面磨圆为止	曲轴磨床
8	喷涂前表面的粗糙处理	(1) 键槽、油孔用木块填塞 (2) 电火花拉毛：用工业纯镍条，将轴颈表面进行电火花拉毛，表面凹凸不平度控制在 0.1～0.15 mm (3) 喷砂：要求喷击表面具有银白色泽，并均匀密布深度不小于 0.15 mm 的小坑。喷砂后应立即喷涂	电火花拉毛机
9	轴颈喷涂	(1) 将曲轴安装在喷涂立车上 (2) 喷涂主轴颈 (3) 喷涂连杆轴颈，喷涂层厚度按轴颈的喷涂尺寸并增加磨削余量 0.3～0.5 mm 计算 注意事项： (1) 工件拉毛处理后，停留时间不能超过 2 h (2) 喷涂前要检查压缩空气，不得含有油和水 (3) 喷涂工作要连续进行，不可间断	喷涂立车、外卡钳、气喷枪、钢直尺

续表

工序	作业名称	作业内容及技术要求	设备、工具及量刃具
10	喷涂后检验	（1）用敲击听声法检查喷涂层的结合强度 （2）检查各轴颈喷涂后的尺寸能否满足加工要求	锤子、游标卡尺
11	轴颈磨削	根据东方红 LF80-90 型拖拉机曲轴、轴瓦配组工艺要求 （1）第一次　　83.75 mm　　　82.50 mm 　　　第二次　　83.50 mm　　　82.00 mm 　修理尺寸级差　　0.25 mm　　　0.50 mm （2）轴颈：圆柱度 0.02 mm，表面粗糙度为 $Ra0.8\ \mu m$，安装滚动轴承的主轴颈，表面粗糙度为 $Ra1.6\ \mu m$ （3）轴颈肩圆角半径为 $6_{\ 0}^{+0.05}$ mm （4）回转半径 $76_{-0.15}^{+0.12}$ mm （5）连杆轴颈与主轴颈中心线平行度 0.02 mm	
12	修磨轴颈油孔	（1）清除油孔内的填塞木块 （2）用油石修研轴颈上油孔周围的裂纹	油石
13	表面探伤	用着色探伤剂对磨削后的轴颈表面进行裂纹检查，不允许出现发丝状磨削裂纹	着色探伤剂
14	油浸处理	将曲轴浸入 80~100℃ 的润滑油中，浸泡 8~10 h	油盘
15	修后检查	（1）各轴颈的尺寸、形状误差、表面粗糙度、轴颈肩圆角半径 （2）曲轴颈肩圆角半径 （3）弯曲检查 （4）扭曲检查	平板、千分表及支座、千分尺、半径样板
16	防锈处理	各轴颈表面涂防锈润滑油	

第二节　零件的修复

一、镗修

镗缸是对干式缸套过度磨损比较常见的修理方法。湿式缸套主要以更换活塞-缸套组方式进行修理。

1. 镗削量的计算

当气缸的修理级数确定后，即可选配同级活塞，然后根据活塞直径和气缸直径计算镗削量。活塞与气缸的配合间隙为 0.03 mm，磨缸余量为 0.03~0.05 mm，镗削量可按下式进行计算：

镗削量 = 活塞裙部最大直径 - 气缸最小直径 + 活塞与气缸的配合间隙 - 磨缸余量

2. 镗缸机

镗缸所用的设备有两种，即固定式镗缸机和移动式镗缸机。由于移动式镗缸机的精度差，工作效率低，已被固定式镗缸机所替代。

3. 镗缸定位基准的选择

为了保证镗缸质量，在操作前应注意首先做好定位基准的选择。选择镗缸的定位基准的目的是：保证气缸镗削后，各缸中心线与曲轴主轴承座孔中心线在一个平面上并相互垂直。固定式镗缸机以缸体底面前后两主轴承座孔和气缸上口作定位基准，其镗缸精度比较高。

4. 确定气缸镗削中心

定气缸中心有同心法和偏心法两种。同心法定中心是在气缸未磨损部位定中心，可以保证各缸镗削后的中心线与原来的中心线一致。偏心法定中心是在气缸最大磨损部位定中心，镗削后的气缸中心线发生偏移。固定式镗缸机的定位方法是靠装在镗杆上的定心杆进行的。定心杆由螺钉调整到与气缸直径相应的位置，然后将镗杆伸入到缸口未磨损的台阶部位（如缸口台阶被刮过，需以活塞环行程以下的气缸下部定位），使定心杆球端距离气缸顶面 3～4 mm。转动镗杆检查定心杆与气缸表面接触的均匀情况。当定心杆与缸壁四周间隙相等时，即为已经对正中心。

在实际生产中，为减少每次镗缸的镗削量，也有采用偏心法来镗缸的，但偏心法只能适用于镶过缸套并在允许偏移范围内的气缸。这是因为，偏心法镗缸将使气缸中心偏离原有中心，当偏心过大时，连杆小头将压向活塞销座使活塞一面压向缸壁，增加了气缸的磨损，反而会缩短发动机使用寿命。

5. 选择适当的吃刀量

镗削量确定后，应根据每次允许的吃刀量考虑镗削次数。一般铸铁气缸，第一刀切削深度应不大于 0.05 mm，因为气缸表面有硬化层和气缸磨损不均，吃刀量过大、切削力过大会引起振动，不仅影响气缸加工质量，而且有损于镗缸机，又加剧刀具的磨损。中间几次的切削深度可以大一些，但不得超过镗缸机限制的最大允许吃刀量。最后一刀，切削深度应控制在 0.03～0.05 mm，以保证镗削的精度和表面粗糙度。

镗缸的切削要求：对于一般灰铸铁缸体硬度为 180～230HB，采用 YG6 或 YG8 硬质合金刀具；切削速度为 125～150 mm/min；走刀量为 0.10～0.15 mm/r；吃刀量如前所述。

气缸应隔缸镗削。镗缸后缸口应加工成 75°倒角，以便活塞连杆机构的装配，并注意倒角宽度应符合规定。

6. 镗缸的工艺过程及技术要求

镗缸必须在缸体螺孔、焊补等其他作业完毕后，才可进行，镗缸工艺步骤如下：

（1）根据量缸测量结果，确定加大扩缸修理尺寸。

（2）根据修理尺寸选定同尺寸的活塞，同组的活塞重量、尺寸应一致，按下式确定气缸的镗削量：

镗削量 = 活塞裙部最大直径 - 气缸最小直径 + 活塞与气缸的配合间隙 - 磨缸余量

（3）测量选用的活塞的精确直径尺寸，根据配缸间隙，留出粗镗、精镗加工余量及珩磨余量，确定起镗尺寸，初镗进刀量一般为 0.03~0.05 mm。

粗镗——留精镗加工余量为 0.10 mm。

精镗——留珩磨余量为 0.03 mm。

珩磨——达到规定尺寸及表面粗糙度。

清洗——将缸体仔细清洁，然后将配对的活塞放进气缸中推行检查配合情况，最后将气缸内涂润滑油防锈。

在珩磨后，缸壁表面粗糙度 Ra 值不大于 3.2 μm，在缸套表面形成均匀一致的凸凹痕迹（缸壁的表面有 60°可见网纹，缸壁呈泛灰蓝色），气缸的圆度误差应不大于 0.005 mm，圆柱度误差不大于 0.015 mm；同时要保证气缸与活塞之间有 0.03 mm 的配合间隙。

在珩磨过程中要随时注意检查气缸的尺寸。一般用量缸表或用活塞试配加工尺寸变化情况。但应注意，加工过程中所产生的切削热量，可能影响到气缸直径的变化，测量时要考虑这一因素，用活塞试配要在珩磨加工结束半小时以后进行。活塞与气缸配好后，应在活塞顶上打好各气缸编号，以防装配时错乱。

二、磨修

曲轴磨损的特点及原因：曲轴轴颈表面的磨损是不均匀的，主轴颈与连杆轴颈的径向磨损主要呈椭圆形，且其最大磨损部位相互对应，即各主轴颈的最大磨损处靠近连杆轴颈一侧，而连杆轴颈的最大磨损处也靠近主轴颈一侧。曲轴轴颈沿轴向还有锥形磨损。

轴颈的椭圆形磨损是由于作用于轴颈上的力沿圆周方向分布不均匀引起的。发动机工作时，连杆轴颈所受的综合作用力始终作用在连杆轴颈的内侧，方向沿曲轴半径向外，造成连杆轴颈内侧磨损最大，形成椭圆形。连杆轴颈产生锥形磨损的原因是通向连杆轴颈的油道是倾斜的，当曲轴回转时，在离心力的作用下，润滑油中的机械杂质偏积在连杆轴颈的一侧，加速了该侧轴颈的磨损，使连杆轴颈的磨损呈锥形。此外，连杆弯曲、气缸中心线与曲轴中心线不垂直等原因，都会使轴颈沿轴向受力不均，而使磨损偏斜。主轴颈的磨损呈椭圆形，主要是由于受到连杆、连杆轴颈及曲柄臂离心力的影响，使靠近连杆轴颈的一侧与轴承产生的相对磨损较大。

此外，轴颈表面还可能出现擦伤与烧伤。擦伤主要是由于机油不清洁，其中较大的坚硬机械杂质在轴颈表面刻划引起的。烧伤是由于烧瓦引起的，烧瓦主要是由于润滑不足、机油过稀、油路阻塞等原因造成的。

一般来说，轴颈直径在 80 mm 以下，圆度及圆柱度误差超过 0.025 mm，或轴颈直径在 80 mm 以上，圆度及圆柱度误差超过 0.040 mm 的曲轴，均应按规定尺寸进行修磨，或进行振动堆焊、镀铬、镀铁后再磨削至规定尺寸或修理尺寸。

曲轴磨损后的修复：

1. 曲轴的磨削

曲轴轴颈的磨削是在曲轴校正的基础上进行的。曲轴的磨削除了保证轴颈表面尺寸精度和表面粗糙度符合技术要求外，还必须达到几何公差的要求：磨削曲轴时，必须保证主轴颈和连杆轴颈各轴线的同轴度及两轴线间的平行度，限制曲柄半径误差，并保证连杆轴颈相互位置夹角的精度。曲轴的磨削通常是在专用的曲轴磨床上进行的。

2. 连杆轴颈的磨削

由于连杆轴颈磨损不均匀，由此产生两种磨削方法：偏心磨削法和同心磨削法。

同心磨削法就是磨削后保持连杆轴颈的轴线位置不变，即曲柄半径和分配角不变。柴油机曲轴磨削时，常采用同心法，保持曲柄半径不变，柴油机的压缩比不变，但每次的磨削量大。当前，在汽车使用期内，大修次数减少，用同心法可以确保发动机性能不变。

偏心磨削法是按磨损后的连杆轴颈表面来定位磨削的，这时轴颈的中心线位置和曲柄半径均发生了变化。一般磨削后曲柄半径大于原曲柄半径，使压缩比增大，而且各缸变化不均匀，同时使整个曲轴的质量中心不处于曲轴主轴颈中心线上，引起曲轴不平衡，造成运转时的附加动载荷。因此，在连杆轴颈磨削时，应尽量减少曲柄半径的增加量，保证同位连杆轴颈轴线的同轴度误差不大于±0.10 mm，这样才能保证曲轴运转中的平衡。

3. 曲轴严重磨损后的修复

如果发动机曲轴磨损严重，磨削法无法修复或效果较差，就可采用等离子喷涂法来修复。

（1）喷涂前轴颈的表面处理

1）根据轴颈的磨损情况，在曲轴磨床上将其磨圆，直径一般减少0.50~1.00 mm。

2）用铜皮对所待喷涂轴颈的邻近轴颈进行遮蔽保护。

3）用拉毛机对待喷涂表面进行拉毛处理。用镍条作电极，在6~9 V、200~300 A交流电下使镍熔化在轴颈表面上。

（2）喷涂

将曲轴卡在可旋转的工作台上，调整好喷枪与工件的距离（100 mm左右）。选镍包铝（Ni/Al）为打底材料，耐磨合金铸铁（NT）与镍包铝的混合物为工作层材料；底层厚度一般为0.20 mm左右，工作层厚度根据需要而定。喷涂过程中，所喷涂轴颈的温度一般要控制在150~170℃。喷涂后的曲轴放入150~180℃的烘箱内保温2 h，并随箱冷却，以减少喷涂层与轴颈间的应力。

（3）喷涂后的处理

喷涂后要检查喷涂层与轴颈基体是否结合紧密，如不够紧密，则除掉重喷。如检查合格，可对曲轴进行磨削加工。由于等离子喷涂层硬度较高，一般选用较软的碳化锡砂轮进行磨削，磨削时进给量要小一些（0.05~0.10 mm），以免挤裂涂层。另外，磨削后一定要用砂条对油道孔进行研磨，以免毛刺刮伤瓦片。经清洗后，将曲轴浸入80~100℃的润滑油中煮8~10 h，待润滑油充分渗入涂层后即可装车使用。

发动机在大修中必须对曲轴进行检验，查明磨损情况，并进行正确的修理，保证曲轴所要求的疲劳强度和耐磨性。

三、焊修

1. 铸铁件焊修

铸铁含碳量高，强度低，塑性差，对加热和冷却速度敏感，可焊性差。铸铁焊修中容易产生气孔、裂纹和白口组织，因此铸铁焊修需采用适宜的焊修方法和焊修工艺。

（1）常用焊修方法及选择

1）焊修方法及工艺特点见表4—6。

表4—6 焊修方法与工艺特点

焊修方法	分类	工 艺 特 点
氧炔焰焊	热焊法	焊前预热至600~650℃，呈暗红色，快速施焊，焊后加热至650~700℃，保温缓冷，焊件内应力小，不易产生裂纹，焊后加工性能好。缺点是设备及工艺复杂，对大型铸件施焊不方便
	冷焊法	也称为不预热气焊法。工件不用焊前加温，只用焊炬烘烤被焊工件坡口周围或加热减应区，施焊过程中注意加热减应区温度，焊后缓冷。采用含硅量较高的气焊丝。焊后不易产生裂纹，焊后加工性能好。但减应区选择不当时，有较大残余应力存在
电弧焊	热焊法	焊前预热至600~650℃，快速施焊，焊后缓冷。适用于小件热焊或大件的局部预热焊
	半热焊法	焊前整体或局部预热至300~400℃，快速施焊，焊后缓冷，创造石墨化条件，适于铸208等焊条。对于应力较小处可采用电弧割坡口，使局部造成预热条件并借焊接过程的热量促进"石墨化"作用
	冷焊法	也就是常温下的焊接，工件不必预热，应用较广泛。多采用非铸铁组织的焊条，严格执行"短段、断续、小范围"的要点，根据焊接材料不同，加工性能也不一样
	速冷法	将坡口周围预先覆盖湿布或湿泥团，每段焊后立即用冷空气或石蜡、冷水冷却焊缝，以吸收焊缝热量，减少受热面积，采用回火焊道减少热裂纹。适用于非加工面的焊接
钎焊		采用氧炔焰加热，黄铜钎料及焊剂虽强度较低，但不易产生裂纹，加工性良好。常用于要求不高且应力较大处的焊补，也可用作耐磨密封表面堆焊

2）焊修方法的选择

①对结构复杂的零件，缺陷部位处于中间，又是加工平面，且厚薄不均，四壁牵连，焊后应力不易排除，应选用氧炔焰热焊法、氧炔焰加热感应焊法或镍基焊条电弧焊法。

②对于处于边缘或应力较小的加工面上的缺陷，可选用镍基焊条或铜基焊条电弧冷焊法，也可采用氧炔焰冷焊法。

③对于非加工面而且薄壁处，又位于中央，应力不易排除，最好采用J506低碳钢焊条电弧冷焊法。

④对于在非加工面损坏且壁厚大于15 mm的边缘处，可采用氧炔焰冷焊法、铸208焊条半热焊法或J422、J506等低碳钢焊条电弧冷焊法。

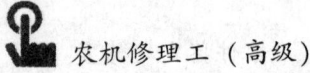

⑤对于结构紧凑的小型零件,缺陷位于壁厚较大处,可采用铸208切割坡口并连续电弧焊法,也可采用氧炔焰冷焊法。

⑥对于焊后要求强度较大的部位,一般焊法难以达到,可采用混合焊法。

(2) 铸铁冷焊法

铸铁冷焊法是一种比较简单的方法,广泛应用于农机修理中。冷焊所用的填充材料有两种类型:一种是用有色合金焊条芯,在药皮中加入大量强石墨化剂,或加入大量强氧化剂,以及加入有球化作用的变质合金或元素等;另一种是用普通低碳钢焊条。电弧焊和气焊都可以对铸铁实现冷焊。

1) 气冷焊操作注意事项

①减应区必须选择在阻碍焊缝膨胀的部位。

②减应区本身应与其他部位连接不多,能够与焊补区共同自由地一起胀缩。

③减应区数目的多少应根据焊补处在零件上的位置来决定,可以一处,也可多处。

④不焊时火焰应对着空间或减应区,不可对着其他未焊区。

⑤减应区的加热温度不得高于750℃,以免使该区机械强度下降。

⑥焊接应在室内避风处进行,焊后缓慢冷却。

2) 电弧冷焊注意事项

①焊前准备:

a. 清理工件。焊前将缺陷处和周围80~100 mm内表面油污杂质仔细清除干净。

b. 检查损伤情况。焊件损伤情况应在焊前查清,如果裂纹不明显,可借助放大镜,或用火焰将工件加热到200~300℃,以便提高裂纹的可见度,也可用颜色显示法查清裂纹的分布情况。裂纹查清后,在超过裂纹起止位置3~5 mm处钻止裂孔。止裂孔大小视工件厚度而定,一般6~12 mm厚的工件钻孔直径为6~8 mm,12~25 mm厚的工件钻孔直径为8~12 mm,25 mm以上的厚壁工件可以不钻孔。

c. 坡口的制备。开制坡口的目的在于使熔敷金属与基体金属之间熔合良好,且保证具有一定的熔深,以便得到牢固的焊缝。伤情查清后根据工件的厚度及使用中受力情况开设一定形状的坡口。一般厚度超过12 mm的工件,坡口深度可为裂纹深度的0.5~0.6倍,坡口底部呈U形。不受力的焊位一般不开坡口。开坡口常用机械方法,也可用原药皮电焊条进行电弧切割。

②为了减小内应力,焊后工件必须保温缓冷。工件冷却后,将焊渣清除干净,检查焊缝质量,如出现裂纹、气孔等应铲除后重新焊接。检查方法包括水压试验、超声波、颜色显示法等方法。

(3) 铸铁热焊法

铸铁热焊法是焊前将工件加热至600~650℃,焊后保温缓冷的焊修方法。热焊法焊缝质量好,但操作困难,对某些形状复杂,并需焊后加工的工件可采用热焊法。

1) 电弧热焊法。预热的方法和温度直接影响铸件的变形程度和焊缝的质量。一般厚大的铸件,预热温度相应增高。形状复杂、厚度不大的铸件以局部预热为宜。

2) 氧炔焰热焊法。这种焊法多用于形状复杂、刚度高的个别重要零件的焊修。

焊前将工件用10%~15%的氢氧化钠水溶液煮洗,然后用高压蒸汽冲刷各部分。

查明裂纹分布，钻止裂孔，开制坡口。焊前预热可采用两级加热的方法，先以600℃/h的速度升温到200~250℃，再以1 500℃/h的速度升温到600~650℃。热焊时，焊炬温度高易发生回火，可用水冷式焊炬。一般选用2号焊炬、250号焊嘴。气焊过程中，为了促使金属表面氧化物薄层熔化形成熔渣，需在熔池内不断加入焊药。为了改善焊缝组织和性能，减小应力，焊接终了时，须将工件进行回火处理。在炉中施焊的工件，焊后保温一定时间，随炉缓冷即可。如出炉施焊，焊后工件应放回炉中，缓慢升温至540~570℃、保温3~6 h，随炉缓冷至150~200℃，然后出炉，在静止的空气中自然冷却。

2. 振动堆焊

（1）基本原理

振动堆焊是金属电极以一定的频率和振幅振动的电脉冲自动堆焊。工作过程是将需要堆焊的零件，装卡在堆焊机床主轴卡盘上，使其按需要的转速旋转，同时由堆焊机头输送的焊丝以一定的频率和振幅振动，按规定的送丝速度均匀送向工件。当焊丝与工件间接通焊接电源时，焊丝端部与工件间不断产生脉冲电弧熔化焊丝。随着振动焊丝的连续送进及工件的转动，使焊丝堆焊在零件表面。

（2）工艺过程及规范

1）堆焊前的准备。

①清除堆焊部位的油污和氧化层。

②对偏磨量大于1.0 mm或堆焊表面有深坑等缺陷，以及堆焊表面覆盖有喷涂层、电镀层等的工件，先用机械加工法整形和除去覆盖层。

③对磨损量小于0.1 mm的工件，堆焊前需将堆焊表面径向车下1.0 mm。

④对变形工件应进行矫正。

⑤受交变载荷的工件应进行探伤检查，裂纹超过允许范围时不能堆焊。

⑥工作时堆焊部位的孔或键槽，用铁棒或炭棒堵塞。小油孔可以用石棉绳堵塞。

⑦焊丝应清洁干净，整齐地分层绕在送丝盘上。

⑧冷却液用5%的碳酸钠水溶液。要经常检查，缺少应及时补充。

⑨工件夹持牢固端正，径向圆跳动误差不得大于1.0 mm。

⑩根据堆焊零件要求的机械物理性质选择焊丝。根据零件的磨损量确定堆焊层的厚度。

2）堆焊方法。

①摇动纵向拖板，使堆焊机头对准起焊位置。由于起焊位置和终焊位置热应力大，因此起焊点和终焊点的位置不能选在应力较大处。

②根据选定的规范参数，调节好振动堆焊机各控制系统。

③接通电源，观察电压是否正常。

④开动冷却系统，调节好切削液流量，然后关闭。

⑤装好防护罩。

⑥启动设备，开始堆焊。

⑦焊至最后一圈时，停止纵向移动，关闭切削液。焊完后先停止送丝，然后切断其他部分电源。

3) 焊后处理。

①检查堆焊层厚度，加工余量应为 1.2~1.5 mm。

②用手工电弧焊填补气孔和因断弧而出现的凹坑。

③细长工件堆焊后应检查变形情况，必要时进行矫正。

④堆焊层硬度较低时，可先车削后磨削，如硬度很大，只能磨削加工。

3. 埋弧堆焊

(1) 基本原理

工件夹持在机床卡盘上做匀速旋转运动，堆焊机头将焊丝均匀送向工件，焊剂从焊剂箱经导管均匀地撒在焊丝周围。在焊剂层下面燃烧的电弧将焊丝、基体金属和焊剂同时熔化，使焊剂熔化到熔池中，调节熔池成分。在电弧高温作用下，熔渣在电弧周围形成一个封闭空间，隔绝了空气侵入。随着焊接过程的进行，电弧向前移动，熔池随之冷却凝固形成堆焊层。

(2) 焊丝与焊剂

1) 焊丝。焊丝的化学成分对堆焊层的力学性能及堆焊过程都有较大影响，埋弧堆焊常用的焊丝有 H08A、H08MnA、H10Mn2A 等。

2) 焊剂。焊剂的主要作用是保证电弧稳定燃烧，保护熔池不受空气侵入，防止金属氧化、氮化，改善堆焊金属的化学成分和组织，消除金属由于飞溅和烧损的损失。

(3) 埋弧堆焊工艺要求

1) 清除工件表面覆盖层：油污、氧化物和镀层。

2) 堆焊第一圈时，焊丝不作纵向移动，焊完第一圈后开始纵向移动。焊至最后一圈时，停止纵向移动。

3) 如需多层堆焊时，使前一层冷却后再进行下一层堆焊，以免工件过热变形。

4. 二氧化碳气体保护堆焊

二氧化碳气体保护堆焊是采用二氧化碳气体保护电弧的一种较新的堆焊工艺。由于二氧化碳气体的比重大，对周围空气侵入熔池有较强的阻挡能力，防止空气中的氧、氢等有害气体侵入，从而保护了熔池，提高了堆焊层的力学性能。

二氧化碳气体保护堆焊焊接时电流密度大，热量消耗小，不需清渣，可以连续进行堆焊，零件受热变形也小。由于二氧化碳价格低，使零件修复成本下降。但该种堆焊方法只能通过焊丝向堆焊层渗入合金，不便灵活调整堆焊层的化学成分，且二氧化碳具有氧化性，金属元素易被氧化，但可通过提高焊丝中的合金成分来解决，一般使用高硅、高锰型合金钢焊丝。

二氧化碳气体保护堆焊规范：

(1) 二氧化碳气体

可采用液态二氧化碳，由供气系统供给，工作压力为 $(0.5~2.5)\times 10^5$ Pa。

(2) 焊丝

使用高硅、高锰型合金钢焊丝，最新工艺是采用药芯焊丝。

(3) 工作电压、电流、电源极性和焊丝直径

一般用直流反接法，如用药芯焊条时，交、直流均可。工作电压、电流和焊丝直径

可参考选择。

(4) 电感量

由于二氧化碳气体保护堆焊熔滴采用短路过渡形式，因此焊接回路中应有电感，一般以 0.3~0.36 mH（毫亨）为宜。

5. 等离子弧堆焊

(1) 工作原理

等离子弧堆焊中，焊枪的中心电极接电源负极，喷嘴和工件接正极，两极间并联一高频发生器。当工作气流经两极间时，在高频放电的作用下，形成等离子弧，加热送入喷嘴的合金粉末，熔化后喷焊到工件表面。

(2) 工艺过程和规范

1) 焊前准备

①检查电气系统、水路系统、气路系统、机械传动系统的状态，使之运转良好。

②检查电极，使之符合要求。

③烘干金属粉末，并过筛。

④工件要经除油、除锈处理。

2) 选择规范

①堆焊厚度为 0.6~6 mm 时，引弧电压为 70~80 V，工作电压为 24~33 V。

②工作电流为 65~200 A。

③工作气流量为 1.5~6 L/min，保护气流量为 15~25 L/min。

④喷嘴孔道长度为 1.5~4 mm，喷嘴孔径为 2~3.5 mm。

⑤电极直径为 1~3 mm，电极内缩量为喷嘴孔道长度减去 0.2 mm。

⑥冷却水流量为 2 L/min。

⑦喷嘴出口与工件距离为 5~10 mm，最大不超过 15 mm。

⑧堆焊速度为 200~500 mm/min。

⑨送粉量为 30~50 g/min，应与电流大小、堆焊速度相适应。

3) 工艺过程

①接通电源、水路系统。

②引弧前 5~10 s 输送工作气，排出管路中的空气。

③用高频振荡器引弧。

④待小弧稳定后转换成工作弧，同时供给工作气，送粉气，开动送粉机构和机械传动机构。

⑤堆焊终了时，逐渐减小电流，提高堆焊速度，控制送粉量并进行收弧。

⑥依次关闭气路系统、机械传动系统，最后关闭水路系统。

6. 氧炔焰喷焊

(1) 基本原理

氧炔焰喷焊是将氧气与乙炔在混合管内混合后，由喷嘴喷入射吸管，使喷嘴周围形成真空，因而合金粉末被吸入并以很高的速度喷出焊嘴进入火焰，经加热后喷到工件表面上，然后再将涂层熔化，借金属分子的扩散与基体金属形成冶金结合。

氧炔焰喷焊焊枪可用普通气焊枪改制。改制时，在气焊枪中部增加一套金属粉末的供给及喷射机构。喷焊用气体和普通气焊一样。喷焊用的是球形合金粉末。

(2) 氧炔焰喷焊工艺过程及规范

1) 工件准备

①对工件喷焊部位整形加工，棱角倒圆。

②工件表面硬度≥30HRC时，喷焊前需经退火处理。

③应除去工件表面镀层。

④工件表面除油、除锈处理。

⑤工件表面的孔、洞、沟、槽用石棉填堵。

⑥含碳0.25%~0.4%的碳钢和低合金钢喷焊前需预热到250~270℃。

2) 喷焊工艺过程

①将喷焊火焰调成轻微碳化焰，加热工件喷焊部位。

②待工件喷焊部位温度达到400~500℃时，将喷焊枪抬高到距工件100~150 mm，火焰对准工件喷焊部位，开始送粉，当工件表面粉末堆积到一定厚度时停止送粉。

③将喷焊枪缓慢降低，同时将火焰调成软中性焰，并保持焊嘴与工件表面的粉末喷涂层距离20~30 mm。

④用火焰加热工件表面喷涂层，使之完全熔化，出现亮的"镜面反光"现象的熔化区，并在工件表面迅速扩散，此时喷焊枪即可向前移动，直至整个合金粉末喷涂层全部熔化，与工件金属焊合。

⑤小型工件可采用喷粉与熔化连续进行的方法喷焊。先以中性焰对工件加热，当工件表面呈暗红色时，将粉末喷到工件表面。由于工件表面温度较高，粉末达到工件表面时即可熔化。随着喷焊枪的移动，新的喷焊面又被加热到所需的温度，粉末喷到新的加热面的瞬间又被熔化，而有的粉末仍然落在原有的熔化层中，堆积到所需的喷焊层厚度。

四、热处理

1. 热处理的概念

热处理是改变金属性能的一种工艺。将固态的金属或合金加热到一定温度，在该温度下保温一定时间，然后以不同速度冷却，这个过程称为热处理。热处理的方法很多，根据加热和冷却方式不同，可分为以下几种，如图4—5所示。

2. 钢的热处理

（1）退火

将钢件加热到高于或低于钢的临界温度（不同钢号临界温度不同）保温一定时间，随后缓慢冷却的过程称为退火。

退火的目的是：降低硬度，便于切削加工；细化晶粒、改善组织，提高力学性能；消除内应力，并为下一道淬火工序做好准备。

根据钢的成分以及原始状态和退火后要求的目的不同，将退火分为完全退火、球化退火、去应力退火、再结晶退火等。

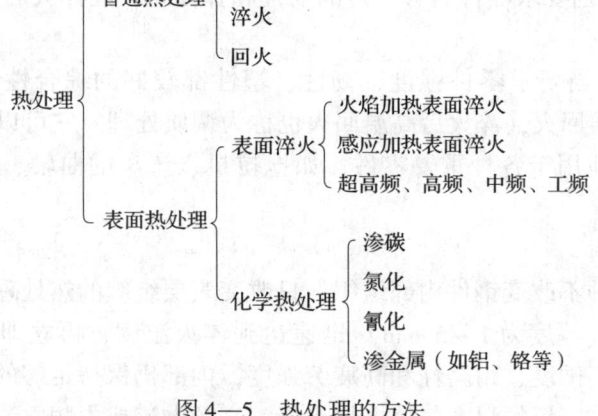

图4—5 热处理的方法

(2) 正火

将钢件加热到临界温度以上 30~50℃，保温一定时间，然后放在空气中冷却的过程称为正火。正火的冷却速度比退火快，加热和保温时间与退火一样。正火的目的是使低碳钢件和中碳钢件及渗碳钢件的组织细化，增加强度与韧性，减少内应力，改善切削性能。对于性能要求不高的工件，常把正火作为最终热处理。

(3) 淬火

将钢件加热到临界温度以上 30~50℃，保温一段时间，然后在水、盐液、碱液或油中急速冷却的过程称为淬火。

淬火可以提高零件的硬度、强度和耐磨性。淬火时冷却速度太快，容易引起零件变形或裂纹，冷却速度太慢，又达不到技术要求，因此，淬火工艺的关键是根据对工件性能的要求，选择好冷却速度。根据钢材特点和零件技术要求的不同，淬火处理主要有以下几种：

1) 单液淬火。即将钢件加热和保温后，在一种淬火剂（如水、油）中急剧降温的淬火方法。这种方法主要适用于形状简单、变形要求不严的碳钢零件。

2) 双液淬火。最常用的双液淬火是水淬油冷，即将加热零件先在水中冷却，待零件冷却至300℃左右时，急速从水中取出投至油中，继续冷却的淬火工艺。双液淬火主要适用于中型碳钢零件和大型合金钢零件。

3) 分级淬火。即将钢件加热到淬火温度，保温一定时间后，放在温度稍高于或低于 M_s 点（碳钢中形成马氏体时的温度点）的盐液或碱液中冷却，保持一定时间后，取出空冷或油冷的淬火工艺。分级淬火主要适用于形状复杂、尺寸较小的碳钢和合金钢零件，如各种道具。

(4) 回火

回火是在零件淬火后进行一次较低温度的加热与冷却的处理工艺。回火可以降低或消除零件淬火后的内应力，使组织趋于稳定，并获得技术上需要的性能。根据对零件的技术要求，回火处理有以下几种：

1）低温回火。当要求零件硬度高、强度大、耐磨时，可经淬火后，再加热至 150~250℃，保温 1~2 h，然后放在空气中冷却。

2）中温回火。当要求零件具有一定的韧性和弹性时，经淬火后在 350~450℃ 回火即可。

3）高温回火。当要求零件强度、韧性、塑性都较好的综合性能时，经淬火后在 500~680℃ 进行高温回火，淬火后高温回火也称为调质处理。它可以改善零件的力学性能。调质处理广泛地用于各种重要零件，如拖拉机、汽车的曲轴、连杆、齿轮的热处理。

(5) 表面淬火

表面淬火是一种不改变钢件内部组织，只改变表层组织的热处理工艺。它是通过快速加热使钢件表面（厚度为 1~5 mm）迅速达到淬火温度，再立即冷却的过程。目的是使钢件表层获得高硬度、耐磨性和高疲劳强度，内部仍保持足够的塑性和韧性。表面可用乙炔—氧、煤气—氧的混合气体燃烧火焰、高频电流或中频电流加热。

(6) 化学热处理

化学热处理是通过改变钢件表层的化学成分，从而改变表层组织和性能的热处理方法。常用的化学热处理有以下几种：

1）钢的渗碳。把低碳钢件放入碳活性介质中，加热至 900~950℃ 保温，使碳原子渗入钢件表层的过程称为渗碳。钢件经过渗碳并淬火后具有高的表面硬度和耐磨性，而中心仍保持高的韧性。一些受冲击的耐磨零件，如轴、齿轮、凸轮、活塞销等零件大都进行渗碳处理。

2）钢的氮化。氮化是利用氨气在一定温度下（500~600℃）所分解的活性氮原子向钢的表层扩散而形成铁氮合金，使钢件表面的硬度、耐磨性、耐蚀性及疲劳强度都得到提高。渗氮多用于含铝、铬、钼元素的中碳合金钢。

3）钢的氰化。在钢中同时渗入碳原子和氮原子的过程称为氰化。氰化实际是碳氮共渗，可以提高零件表面的硬度、耐磨性、耐蚀性和疲劳强度。它适用于碳钢、合金钢、铸铁、粉末冶金材料等。

3. 典型零件的热处理

(1) 连杆

1）材料选择。连杆选材主要有中碳钢和球墨铸铁。

2）锻造连杆热处理工艺。锻造—正火—粗加工—调质—精加工。

正火是为了消除锻造后的过热组织和内应力，并为调质处理做准备。

调质处理可使材料获得细小均匀的回火索氏体组织，得到良好的综合力学性能。

球墨铸铁的连杆是浇铸成型的，其他工序与锻钢连杆相似。

(2) 犁铧

1）材料选择。犁铧选材主要有 65Mn 和 65SiMnRe 钢。这类钢经热处理后表现出高的强韧性和耐磨性。

2）热处理工艺。下料→冲型（热冲）→铣刃口→冲孔、压形→淬火、回火→检验。

犁铧一般没有预先热处理，有的在冲孔、压形之后加一道退火工序，为淬火做准备。淬火是为了提高铧刃的硬度和耐磨性，铧面要保证其韧性，故不必整体淬火，只需在刃口部分进行局部淬火。为了减少变形，采用油淬或用夹具加压淬火。回火是为了消除应力与脆性，采用150~250℃回火以保证刃口的硬度。

第5单元

机器修理与调试

- 第一节 发动机修理与调试/76
- 第二节 燃油系统修理与调试/93
- 第三节 底盘修理与调试/97
- 第四节 电气设备修理与调试/103
- 第五节 液压系统修理与调试/112
- 第六节 作业机械修理与调试/118

第一节 发动机修理与调试

一、机器维修基本方式

1. 机器修理的三种基本方式

机器修理的三种基本方式包括定期维修、视情维修和事后维修。

（1）定期维修

定期维修又称时间预防维修方式，该方式是以使用时间作为维修期限。只要机器使用到预先规定的时间，不管其技术状态如何，都要进行规定的维修工作，如大修或具体某一级保养内容。

（2）视情维修

视情维修又称按需预防维修方式，这种维修方式是根据机器实际情况来确定维修时机。该方式不对机件规定固定的拆卸分解范围和维修期限，而是在检查、测试其技术状况的基础上确定各机件的最佳维修时机。

（3）事后维修

事后维修又称故障维修，该方式是不控制维修时期，机件发生故障造成停机之后，才进行修理。

2. 维修方式的选择

应该从修理后机器的安全性、经济性来考虑，但对农业机械来讲，一般侧重经济性。

视情维修是靠不断定量分析监测机件的某些参数或性能的视情资料，酌情决定维修时间和项目。这种维修方式费用高，要求一定的诊断条件，目前仅在一些大型、贵重设备上采用。

事后维修适用于一些简单的、不重要的机器，如搅拌机、简单农业机械等。

定期维修方式在我国汽车、拖拉机维修中普遍采用。

维修方式的发展趋势，是由事后维修逐步走向定期预防维修，再从定期预防维修走向有计划的定期检查，并按检查的结果，安排近期的计划维护与修理。

二、发动机维修和调试方法

1. 发动机大修的基本条件

（1）功率明显下降

油门放到最大位置时，柴油机输出的最大功率只有额定功率的60%左右，明显带不动配置负荷。对燃油、配气机构、曲轴连杆机构等有关部分，经过维修调整后，功率仍不能恢复。

（2）耗油量显著增大

耗油量超过额定30%以上，机油耗油量也超过额定的1倍以上，排气带出机油，曲轴箱通气口（或加油口）冒带油雾的烟，曲轴箱温度显著增加。

(3) 缸套、活塞等零件磨损严重

缸套活塞、曲轴各轴颈的磨损都超过了极限值，配气机构零配件磨损严重，使气缸套密封性变差，气缸压力降低。

(4) 不能顺利启动

停机后，在冷却水温为 50~60℃ 的情况下，不能顺利启动以及柴油机工作温度为 70~90℃ 时，缸内依然从活塞与活塞销、主轴承或连杆轴瓦处发出响声。

2. 发动机的试验

发动机修后试验的主要内容有测定发动机最高空转转速和最低空转转速。发动机的试验应在有负荷热磨合后在测功机上进行。发动机的最高空转转速和最低空转转速可通过试验台转速表或附加数字式转速表直接测出。发动机的额定功率和燃油消耗率是通过测定发动机在额定转速下的负荷（测功机指针读数）及一定时间的燃油消耗量并经计算而得。

计算公式：

发动机额定功率： $N_e = 735\, pn \times 10^{-6}$ （kW）

式中 p——称量称机构指针读数，kg；

n——发动机转速，r/min。

发动机的小时耗油量： $G_t = 3.6 \dfrac{g}{t}$ （kg/h）

式中 g——在 t 时间内消耗的油量，kg；

t——消耗 g 质量燃油所经历的时间，h。

发动机燃油消耗率：

$$g_e = \dfrac{G_t}{N_e}\,[\text{kg}/(\text{kW}\cdot\text{h})]$$

三、发动机修后磨合规范

1. 发动机磨合的目的

修后的发动机，应进行磨合，以达到下述目的：

(1) 改善配合零件的表面质量，使其能承受应有的负荷。

(2) 减少初始阶段的磨损量，保证正常的工作间隙，延长机器的使用寿命。

(3) 发现修理和装配中的缺陷，及时排除。

(4) 调整各机构，使其协调工作，以获得最好的动力性和经济性。

(5) 检验修理质量。

2. 发动机磨合工艺

(1) 磨合前的准备工作

1) 将发动机装在测功试验台上。

2) 连接好冷却装置、油路及各种仪表。

3) 润滑发动机各部位。用润滑脂润滑水泵轴承、主离合器轴承；用机油润滑风扇及张紧轮，并在喷油泵调速器内加注机油至规定油面，加足冷却水。

4）向发动机油底壳加注磨合用油。首先清洗润滑油道，将柴油加入油底壳，加入量应比平常加入的机油多1/2。起动试验台电动机，使发动机运转3～5 min，转速不超过300 r/min。然后放出油底壳的柴油，并用清洁柴油清洗机油滤清器。清洗后，再向油底壳加入磨合用油至量油尺上限，磨合用油可采用T-8或T-11柴油机机油，也可采用混合油（轻机油60%、柴油40%）。

5）检查试验台变速箱机油面和离合器是否处于分离状态。起动电动机之前，应把变速手柄放在所需要的转速位置。起动时，待电动机转速稳定之后再结合离合器。

（2）磨合工艺过程及规范选择（以东方红-804型拖拉机LF80-90发动机为例）

发动机磨合时，一般都按照逐渐增加转速和逐渐增加负荷的原则，分以下三步进行。

1）冷磨合。冷磨合分无压缩冷磨合和压缩冷磨合两个步骤进行。无压缩冷磨合时，卸去喷油器；压缩冷磨合时，则需装上喷油器（或控制减压机构）。冷磨合时，由试验台电动机带动，整个过程不供给柴油。

冷磨合时，应注意下列几点：

①机油压力应为1.7～3 kg/cm^2，摇臂机构应有润滑（可打开气门室罩盖检查）。

②水温应控制在不低于40℃。

③不允许各摩擦零件过热，不允许有漏油、漏水现象。

④发动机各机构不应有尖锐的敲击声和其他异响。如发现应停车检查、排除。

⑤冷磨合完毕，用气缸压力表检查气缸压力，各缸压力差不大于2～3 kg/cm^2。

试验条件：水温在65℃以上，曲轴转速为210～300 r/min。参照表5—1所提供的规范进行磨合。

表5—1　　　　　　　　　LF80-90发动机冷磨合规范

程序	转速（r/min）	磨合时间（min）	
		用2号或3号锭子油时	用T-8或T-11机油时
无压缩冷磨合			
1	300～350	5	15
2	450～500	10	15
3	600～650	10	20
4	800～900	10	20
5	1 000～1 209	5	15
合计		40	85
压缩冷磨合			
1	600～650	15	25
2	800～900	15	30
3	1 000～1 200	10	20
合计		40	75

2）无负荷热磨合。热磨合的准备工作：

①更换磨合用油。放出油底壳的磨合用油，并清洗油底壳及机油滤清器，加入足量的清洁的磨合用油（当发动机运转后，油面应达到量油尺上限），磨合用油可用 T–8 或 T–11 柴油机机油或轻机油。

②检查、调整气门间隙。

③检查、调整供油提前角。

④排除燃油系统的空气，使喷油器喷油。控制发动机，当水温达到 40℃ 以上时，可操纵油门，控制发动机转速，参照表 5—2 所提供的规范进行磨合。

表 5—2　　　　　　　　　LF80–90 发动机无负荷热磨合规范

程序	转速（r/min）	磨合时间（min）
1	800~900	5
2	1 000~1 100	10
3	1 200~1 400	5
合计		20

3）负荷热磨合。无负荷热磨合结束后，将发动机稳定在 12 h 功率时相应的转速（东方红–804 拖拉机 LF80–90 发动机为 1 500 r/min），通过试验台测功器的调节机构，改变发动机的负荷。负荷由小到大，逐渐增加直至全负荷。

负荷热磨合（规范见表 5—3）过程中应注意以下几点：

①各机构不应有过热现象，各连接处不应漏水、漏油、漏气。

②水温应为 75~85℃，不超过 90℃；机油温度为 70~80℃，机油压力为 2.5~3 kg/cm^2。

③注意发动机的工作响声及燃烧情况，发现不正常的敲击声或异常响声，应停车检查，查明原因，及时排除。

④在换挡变速时，最好间歇（即空转）几分钟。发动机热磨合完毕，应再次检查、调整气门间隙。待温度降低后，按规定力矩复紧一次气缸盖螺母，然后进行试验。

表 5—3　　　　　　　　　LF80–90 发动机负荷热磨合规范

| 程序 | 负荷（马力） | 磨合时间（min） | |
		用 2 号或 3 号锭子油时	用 T–8 或 T–11 机油时
1	5	5	10
2	15	10	15
3	25	10	20
4	30	15	25
5	40	15	15
6	50	5	5
7	54	5	5
合计		65	95

四、发动机试验台

1. 柴油机试验目的和类别

对于新机或完成较大修理后的柴油机需要进行一系列的磨合及调整运转,检验其部件加工、组装及柴油机总装的质量,发现并排除某些缺陷及故障,进行基本性能参数的调整,进行整机性能鉴定或寻求结构、性能改进的途径,进行部件可靠性和耐久性的研究等,柴油机的这类运转称为试验。通常在专门的试验台上进行试验,所以又称为柴油机台架试验。根据不同的目的和要求,试验的类型大致有以下四类:

(1) 检查性试验

检查和验收柴油机制造及检修质量,同时还作一些必要的调整,使其主要指标达到一定的技术要求。属于这类试验的有制造厂和修理厂的出厂试验。

(2) 性能鉴定试验

在一定的工作条件下进行试验,得出柴油机的性能指标,以判断是否达到设计要求。柴油机的性能试验一般有负荷特性、速度特性、牵引特性、万有特性、调速特性、启动性能、热平衡试验等。

(3) 可靠性和耐久性试验

产品的工作可靠性和工作参数的稳定性须经较大负荷和较长时间运转的考验。对新产品或有重大改进、变型、转产等情况都须经可靠性和耐久性试验的验证。

(4) 专门性试验

为专门目的而要求进行的专项试验,如增压系统选型、增压器与柴油机匹配试验、扭振减振器选型、燃烧室选型、供油规律试验以及零部件结构、材质和加工工艺改变时对柴油机工作影响的试验等,内容极其广泛,往往还要添加一些特殊的装备和专门的仪器。

2. 柴油机试验台(见图5—1)

柴油机试验台是一个完整的动力工作站,它具有长期运转的能力,同时能精确地测量出各项运转参数。柴油机试验台通常由下列部分组成:固定的柴油机试验台架,测功设备,控制室及操纵仪表台,进、排气管路系统,燃油供给系统及油耗量测定装置,机油系统,冷却水系统。

3. 试验时主要测量参数

(1) 试验环境

柴油机试验是在一定的工作环境下进行的,工作环境对柴油机输出动力及经济性有一定的影响。工作环境参数有大气压力、试验室温度、空气湿度等。柴油机试验得出的结果是以国家规定的标准状态下所测得的结果为准,如条件偏离过多,则必须对试验结果作相应修正。

(2) 工况和经济性参数

1) 有效功率 N_e 或输出扭矩 M_e。测量扭矩的设备一般为水力测功器或电力测功器。M_e 的国家法定计量单位为 N·m,根据测功器读数可计算出柴油机输出的有效功率 N_e。

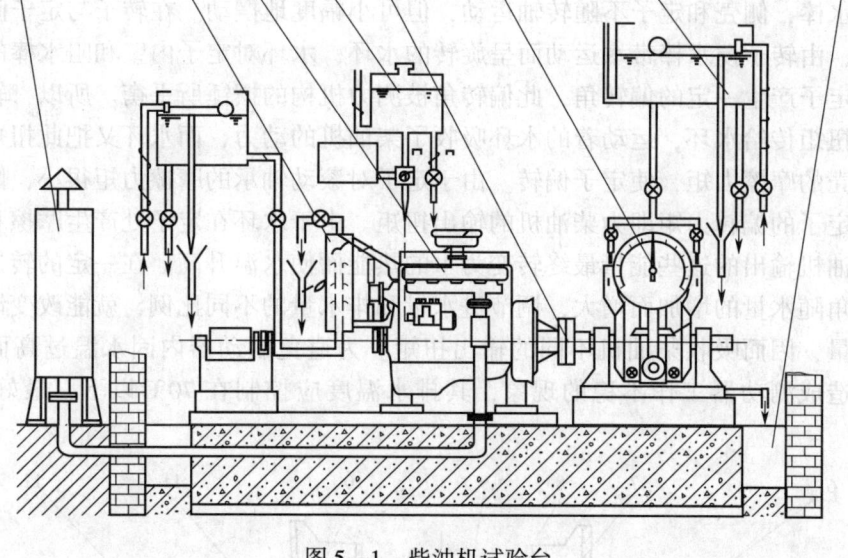

图 5—1 柴油机试验台
1—排气筒 2—发动机冷却水箱 3—发动机 4—油箱及油耗仪 5—弹性联轴器
6—水力测功机 7—高位水箱 8—回水池

$$N_e = \frac{M_e n}{9\,550}(\text{kW})$$

式中，M_e 的单位为 N·m，n 的单位为 r/min。

2）曲轴转速 n。

3）燃油消耗量 G_f 和燃油消耗率 g_e。

（3）常规工作参数

1）冷却水温：水泵入口处的冷却水进口温度，气缸盖出水总管处的冷却水出口温度。在热平衡试验时还要测量热交换器进、出口水温。

2）机油压力和温度：机油泵出口处的油压和油温，机油粗滤器前后的油压，热交换器后的油温，主机油道两端的油压。

3）排气支管及排气总管的废气温度 T_r。

4）进气压力和温度：增压空气经中冷后的气压 p_t 和气温 t_s。

5）爆发压力 p_z 和压缩压力 p_e。

6）涡轮增压器转速。

7）空气、机油及冷却水流量等。

4. 柴油机试验常用设备的工作原理

（1）测功设备

水力测功器用来吸收和指示柴油机曲轴输出的扭矩，同时也作为调节柴油机外界负荷的工具，以满足试验要求。

水力测功器由制动器及测力机构组成。制动器由转子、定子、侧壳、机座、减振器、进水斗、排水阀等组成（见图5—2）。转子与曲轴侧壳相连，其外缘径向地插装着几排搅水棒。定子与两相紧固,侧壳与转轴之间安装滚动轴承,定子的内壁面上也插装着几排阻水棒,侧壳和定子不随转轴运动,但可小幅度地摆动。在转子与定子间充有一定量的水,由转子搅水棒带水运动而呈旋转的水环,水环对定子内壁和阻水棒的摩擦和冲击,使定子产生一定的偏转角,此偏转角被测力机构的摆锤所平衡。所以,转子将柴油机输出扭矩传给水环,运动着的水环吸收了柴油机的动力,而水环又把此扭矩变成对定子等外壳的摩擦力矩,使定子偏转。由于定子对滚动轴承的摩擦力矩很小,因此可认为水环对定子的偏转力矩即为柴油机的输出扭矩。由于水环在定子处产生摩擦和涡流运动,使柴油机输出的这些能量最终转变为水的热能而使水温升高。在一定的转速下,定子的偏转角随水量的增加而增大,调节进水量和排水量的不同比例,就能改变制动器内部的存水量,因而吸收柴油机不同的输出扭矩。为避免制动器内因水温过高而产生气泡,从而造成测功器工作不稳的现象,其排水温度应控制在70℃以下,最好为40~50℃。

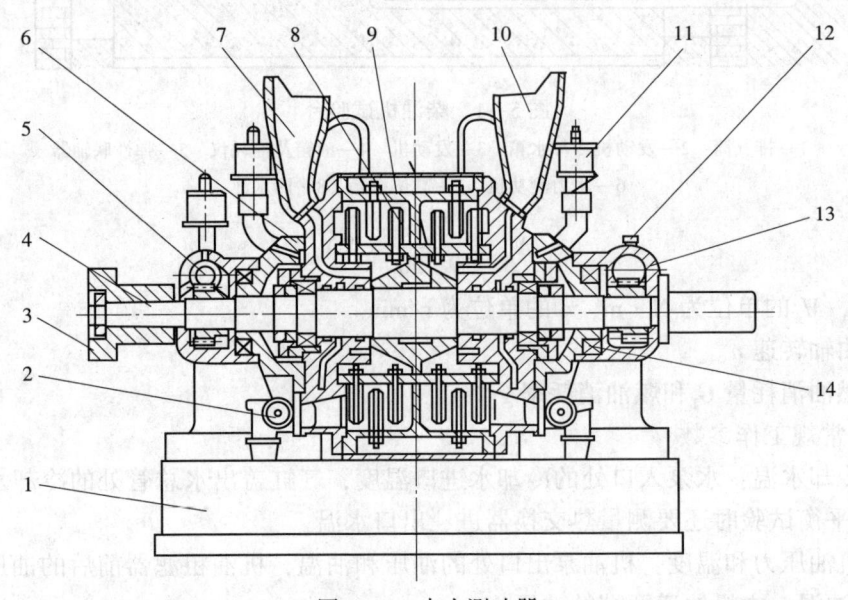

图5—2 水力测功器

1—底座 2—旋塞 3—联轴器 4—主轴部件 5—轴承 6—侧壳 7—溢水口 8—转子 9—定子
10—进水口 11—通气罩 12—转速传感器 13—测速齿轮 14—支承轴承

为了使水力测功器的转轴在转速变化或扭矩变化时使定子及摆锤减小波动及快速平衡,特设置了油压活塞式减振装置。

水力测功器自带转速测量装置。在转轴的一方套装有蜗杆,由蜗杆传动蜗轮,蜗轮与转轴的传动比为1∶2,蜗轮轴的两端有特制的接头,通过软轴传动到转速表。

在对水力测功器选型和使用过程中,必须注意下列要求。

1) 选型时注意测试工作的适用性。D系列水力测功器的型号有D150、D350、D650、D1000等,后部的数字代表测功器最大吸收功率。通常在吸收高功率时转轴的转速较高,且高于柴油机的标定转速值。水力测功器有自身的工作特性,其工作受以下几方面限制:

第一,当测功器水量最大时,随转速的下降能吸收的最大功率如图 5—3 中 OA 线所示。

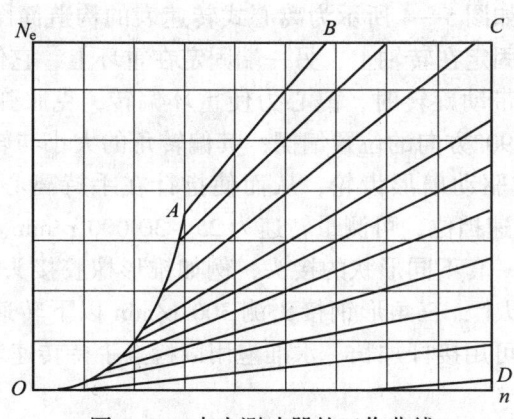

图 5—3 水力测功器的工作曲线

第二,保持最大扭矩值时,随转速的变化所能吸收的最大功率范围如 AB 线所示。

第三,在最大容许出水温度下,随转速变化所限的功率范围如 BC 线所示。

第四,受转子离心负荷所限的工作范围如 CD 线所示。

第五,测功器内无水时,最小制动功率如 OD 线所示。

水力测功器的工作范围在 OABCDO 所包围的面积内,在选型时,柴油机的外特性曲线应全部进入此面积,并位于图形中间位置,否则应选另一型号的测功器。

2) 测量小负荷时的减重措施。水力测功器在低转速下无足够的制动力矩,测功器内存水量较少,工作不稳定,指针摆幅太小,读数不精确。如果在试验前将摆锤取下 1~2 块,则定子偏转角增大,指针的摆幅扩大,读数的准确性也随之提高。例如 D350 型测功器取下外侧第一块摆锤时,指针读数扩大一倍。

3) 改善润滑,减少摩擦,提高测量精度。

4) 保证稳定供水。稳定供水即测功器内不断水是工作稳定的必要条件。水力测功器一旦断水就会造成柴油机转速大幅度地波动,甚至会出现飞车事故。因此必须设置测功器专用水箱,其具有一定容量和一定安装高度,通常水箱底面不低于 2.5 m。调节进水阀和排水阀的开度,都可单独调节测功负荷。当两者联合调节时,排水阀的开度在保证一定出水温度下,一般不宜过大。

5) 定期校正刻度。平时不随意拨动指针,以免影响读数的准确性。使用半年到一年时,须用静校法对刻度指示进行校核,以保证测功器的测量精度。

6) 定期清除内部水垢。最好使用清洁的软水,或者使用清洁的自来水,污水、硬水、泥水、海水皆不宜使用。机内水垢会影响测功器的工作稳定性。运转结束后将排水阀全开,排尽积水。

(2) 转速的测量

曲轴转速是柴油机的重要参数之一,为了测绘性能曲线及计算输出功率,都需要首先测出转速。转速的单位为 r/min。转速的测量方法很多,大体上可分为接触式和非接触式测量两种。

1）接触式转速测量仪表直接与转轴接触，常见的有离心式、发电机式和磁电感应式转速表。

①离心式转速表。如图5—4所示为离心式转速表的构造简图。重环由活动轴固定在转轴上，弹簧的一端固定在转轴上，另一端固定在重环上，它使重环保持一定的倾斜位置。当转轴被测试轴带动旋转时，离心力使重环偏转，克服弹簧力而远离转轴中心线，即重环朝与转轴成90°方向的位置偏摆，其偏转角的大小与转轴的转速成正比。重环偏转时通过杠杆机构驱动扇形齿轮，从而使指针在手持离心式转速表的外观如图5—5所示。表内设有变速挡位，可测量转速为25～30 000 r/min。为适应不同的转轴测试要求，转速表盒内附一套不同形状的接头，例如锥形橡胶接头用于有中心孔的转轴，测量转速为300 r/min以上，三角形钢接头测300 r/min以下转速，无中心孔的轴用平接头传动测速，必要时可用接杆加长。水准泡用以检查手持转速表测量时是否在水平位置。

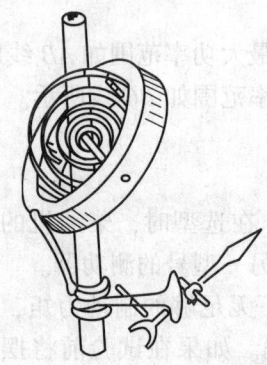 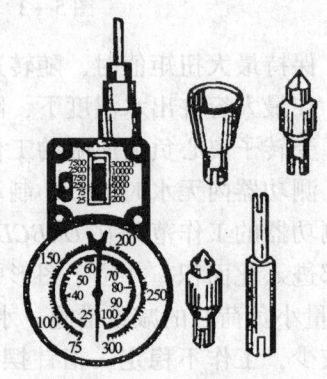

图5—4　离心式转速表　　　　图5—5　指针在手持离心式转速表的外观

离心式转速表构造简单，使用方便，通用性强，价格低廉，但由于存在内部摩擦、弹簧弹性变化等因素，仪表的准确度不高。

在使用离心式转速表时应注意下列问题：

第一，先估计被测轴的最高转速，选用适当的转速挡；或者先试用高速挡，如感到量程较小时，可换用低速挡。禁止在转轴旋转时换挡，以免损坏齿轮。

第二，选用合适的接头装在表轴上，测量时和被测轴中心接触，不允许接头打滑，每次测量时间不宜超过30 s。

第三，测量时使表轴与被测轴位于同一轴线上，不要倾斜。在测量水平轴时，用水准泡检验转速表的水平位置。

第四，定期校正测量精度。

②发电机式转速表。发电机式转速表用微型测速发电机作为传感器，这是一种旋转的永久磁铁式发电机，在定子线圈中产生感应电动势，此感应电势与转速成正比，用电压表测量并转换成相应的转速值。机车操纵台上柴油机转速的测量，由右凸轮轴自由端驱动一交流测速发电机，所产生的三相交流电经整流后，在直流电压表上转换成相应的柴油机转速。

③磁电感应式转速表（见图5—6）。由表轴带一永久磁铁和铁芯构成旋转磁场，处于两者间的罩式圆盘产生感应电流，此电流与旋转磁场相互作用，对罩式圆盘产生一个偏转力矩。圆盘偏转时，被前部的蜗簧所平衡，由指针反映偏转角。圆盘偏转力矩的大小取决于表轴的转速，转速越高，指针偏转角越大。

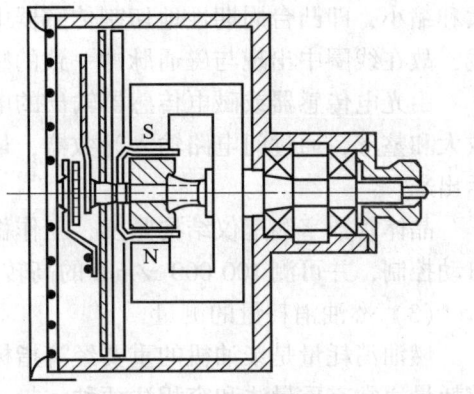

图5—6 磁电感应式转速表

磁电感应式转速表结构简单，对振动的敏感性小，工作可靠，但受环境温度的影响大。水力测功器所带测速表及调控传动箱所装转速表皆属磁电感应式转速表。

2）非接触式转速表。常用的非接触式测速仪主要有晶体管数字测速仪、闪光测速仪、红外线转速表等。晶体管数字测速仪由测速传感器和数字频率计组成。传感器随轴的转动输出脉冲信号，此电脉冲频率与轴的转速成正比，用频率计测量并显示。柴油机及增压器的转速皆可用它测量。晶体管数字测速仪的传感器有光电式和磁电式两种。

直射式光电传感器（见图5—7）是在转轴所带的圆盘上均布60个小孔，盘的一边为光源，另一边为光敏管及其电路。随着圆盘的转动，光束间断地投射到光敏臂上，在其电路中的电流时强时弱，因而形成相应的电脉冲信号输出。电脉冲信号的频率 f 取决于圆盘上的透光孔数 Z 和转速 n：

$$f = \frac{n}{60}Z(\mathrm{Hz})$$

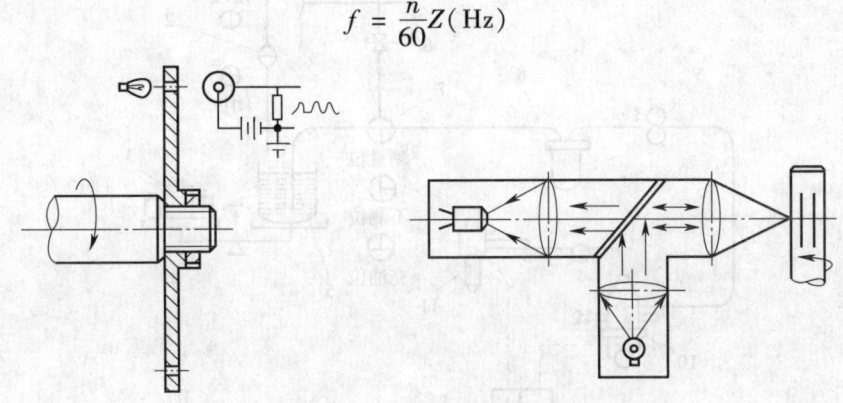

图5—7 直射式光电传感器

如果 $Z=60$，则每秒脉冲频率数可直接反映出转轴的转速。

根据不同的结构情况，光电传感器也可采用反射式。转轴上均匀涂有黑白相间的线条，光源通过透镜反射到转轴上，当光束照到白色线条上时，反射光返到光敏管，使电路中电流增大，当光束照到黑色线条上时，光线被吸收而不反射，此时光敏管电路中电流减弱，因而形成电脉冲输出。

磁电式传感器（见图5—8）由固定式的微型磁头（永久磁铁和线圈）和转轴上的凸台或齿槽组成，磁头和凸台之间有一定的气隙。当凸台随轴转动时，气隙周期性地增大和缩小，即凸台周期性地切割传感器中永久磁铁的磁力线，故在线圈中出现与磁通脉冲一致的感应电势。

由光电传感器或磁电传感器输出的电脉冲信号经电路放大和整形，通过门电路输入计数器，最后以数字形式显示出来。

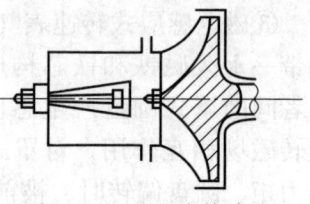

图5—8 磁电式传感器

晶体管数字测速仪结构紧凑，工作稳定，适于远距离自动控制，并可测 100 000 r/min 的高转速，因此在试验中获得广泛应用。

（3）燃油消耗量的测量

燃油消耗量是柴油机的重要经济指标，为柴油机试验中的基本测量项目。测量燃油消耗量通常有重量法和容积法两种。

1）重量法。在柴油机稳定运转条件下（工况不变，无转速波动），测定消耗一定重量燃油所经历的时间，再通过换算求出燃油消耗量或消耗率的方法，称为重量法或称量法。

如图5—9所示为柴油机试验台用燃油测量设备和管路示意图。在测量管路中设置一量杯，量杯放在一架天平上。根据柴油机的最大功率，使量杯内工作油的容量足以维持运转 2～3 min。量杯的位置应高于燃油输送泵，以保证在测量时燃油输送泵不吸空。在主油箱、量杯和燃油输送泵之间设置三通旋塞和截止阀，三通旋塞根据测量需要转到某一位置。

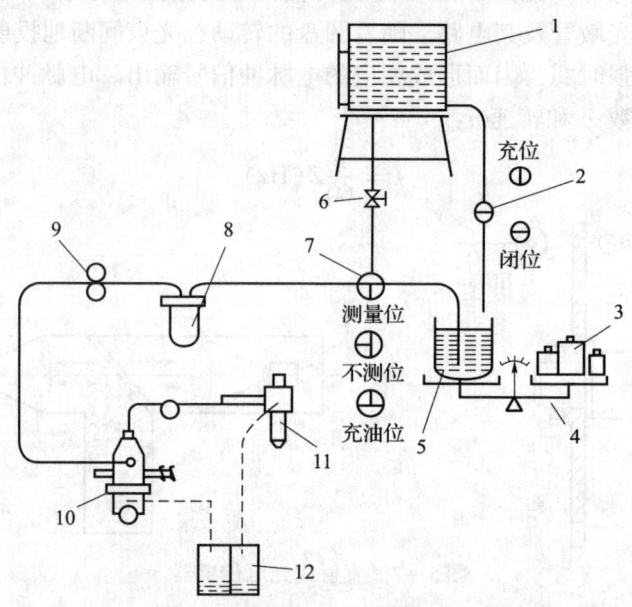

图5—9 柴油机试验台用燃油测量设备和管路示意图

1—油箱 2—流量阀 3—砝码 4—天平 5—量杯 6—截止阀 7—三通旋塞 8—油水分离器
9—流量调整阀 10—喷油泵 11—喷油器 12—回油池

在柴油机正常工作时，三通旋塞位于不测位。在测量前，量杯充油，这时三通旋塞转到充油位，或者单独将二通旋塞转到充油位。量杯充满后关闭充油路，使小油箱比砝码重少许。测量开始时，将三通旋塞转到测量位，此时燃油输送泵只抽吸小油箱内的燃油，当天平的指针回到中立位的瞬间，按下秒表开始计时，并迅速取去天平上一些砝码，使指针向量杯方向倾斜，待量杯内燃油抽出而使指针重回中立位的瞬间，按下秒表停止计时，并将三通旋塞转到不测位，由主油箱供应柴油机燃油。

根据秒表所记录的天平两次指针中立位的时间 t 和取下砝码的重量 ΔG，计算柴油机小时油耗量 G_f 及有效油耗率 g_e。

$$G_f = \frac{\Delta G}{1\,000} \cdot \frac{3\,600}{t} = 3.6\frac{\Delta G}{t}$$

$$g_e = \frac{1\,000\,G_f}{N_e}\;[\text{g}/(\text{kW} \cdot \text{h})]$$

在测量过程中应注意：

①所取下的砝码重量 ΔG 或所测试的燃油量，应可使柴油机运转 30~150 s。测量时间太短，则测量相对误差大；时间太长，则量杯容量要增大，天平的规格要提高。如柴油机运转稳定，测量时间可定在 100~120 s。

②量杯中吸油管必须悬空，不要碰到箱壁，否则会严重影响测量精度。吸油管深入油箱的深度越多，则测试的误差越大，故量杯宜制成面积大、深度浅的容器。

③要得到较准确的油耗值时，从喷油泵及喷油器回泄的燃油量应称重、扣除。

2）容积法。在柴油机稳定运转的条件下，测定消耗一定容积的燃油所需的时间和油的比重，然后通过计算求出燃油消耗量或燃油消耗率的方法称为容积法。

如图 5—10 所示为容积法测油管路示意图。管路中具有几个互连的缩颈空心玻璃球，上玻璃球顶端通大气，下玻璃球底端与测量管路相连。玻璃球缩颈处有刻线，每个玻璃球的容积均为已知。三通旋塞置于主油箱、玻璃球及燃油输送泵之间，测量前将三通旋塞转到充油位，使玻璃球充油。测量时将三通旋塞转到测量位，使燃油输送泵从玻璃球内抽油，当油面降到中玻璃球上部刻线时按下秒表计时，当油面降到中玻璃球下部刻线时按下秒表停止计时，并将三通旋塞转到不测位。用密度计测定工作燃油的密度 P，则所消耗的燃油重量 $\Delta G = VP$，其中 V 为玻璃球的容积。将 ΔG 和 t 代入上述公式，即能求出燃油消耗量和消耗率。

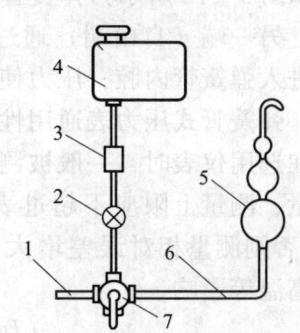

图 5—10　容积法测油管路示意图
1—出油管　2—节流阀　3—过滤器
4—油箱　5—空心玻璃球
6—输油管　7—三通旋塞

一般来说，采用容积法比重量法的误差大一些，如容积值的误差、刻线计时的误差、比重计测量误差及环境温度和油的批号不同对比重的影响，均可产生误差。但容积法设备简单，故在小型发动机试验方面仍有应用。

（4）压力的测量

了解柴油机工作时的气体压力、机油压力和冷却水压力往往是掌握可靠工作或故障判断的钥匙，也是柴油机重要的工作参数。压力（实际是压强，考虑到习惯叫法，本书中仍使用"压力"一词）是指单位面积上的作用力，单位为 Pa。

常用的压力测量仪表有 U 形管液柱式压力计、弹簧管式压力表、最大压力表等。

1) U形管液柱式压力计。U形管液柱式压力计是基于U形管内的液柱所产生的压力与被测压力平衡的原理，读出液柱的高度而得到压力值，如图5—11所示。

U形弯曲的玻璃管安装在带有刻度的木架上，管内注入水或汞或酒精等介质。管的一端通大气，另一端与被测流体的管道相连，在非工作情况下，液柱两面在大气压作用下相平衡，液柱的高度位置正好在U形管的中部0刻线。当柴油机运转时，工作流体的压力高于大气压，U形管内的液柱一端上升，另一端下降，出现液柱差 h。根据 h 值可计算出工作流体的表压力 p_b 和绝对压力 p：

$$p_b = h$$
$$p = p_0 + p_b$$

式中，h 为U形管内介质的高度，p_0 为大气压。

U形管液柱式压力计的读数以介质液柱差 h 来表示。U形管液柱式压力计构造简单，使用方便，相对误差较小，一般用于测量柴油机进、排气压力，曲轴箱气压及孔板流量计中的压力差。

2) 弹簧管式压力表。弹簧管式压力表是将被测流体通入管状弹簧，在压力作用下簧管产生变形，利用弹性变形与压力成正比的原理，将变形的幅度用偏转的指针表示出来，并转换成压力值。

如图5—12所示为弹簧管式压力表简图。半圆环状弹簧管的一端与被测流体管路相通，另一端（自由端）通过连杆带动齿轮，小齿轮轴上装有指针。在测量时被测流体进入弹簧管内腔，压力使簧管变形伸直，自由端发生位移，指针偏转而显示一定读数。弹簧管式压力表通用性强，使用方便，读数直接，通常作为油、水压力监视仪表。在选用仪表时，一般被测压力不超过表面限值的3/4；对于脉动压力或冲击压力的测量，测量上限应不超过表限的2/3。不论任何情况，测量值都应不低于表限的1/3，否则测量相对误差增大。在安装压力表时，应避免管路过长、管径过小、振动、高温等影响。

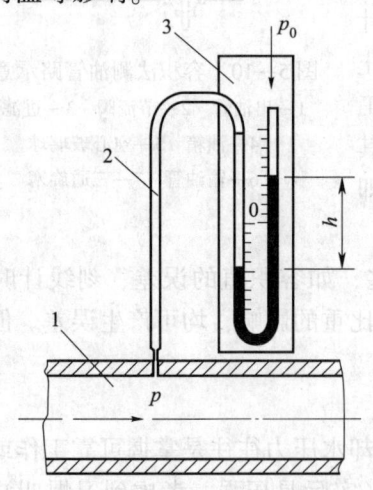

图5—11 U形管液柱式压力计测量原理
1—发动机进气道 2—连接气管
3—U形管液柱式压力计

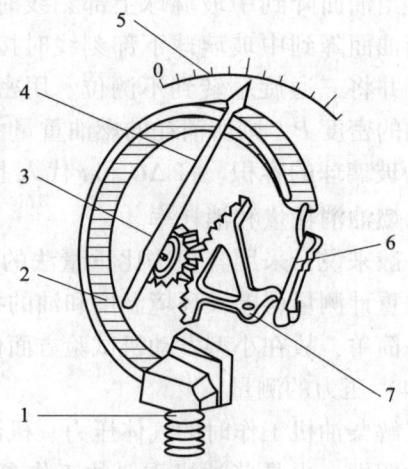

图5—12 弹簧管式压力表简图
1—管路连接螺栓 2—半圆环状弹簧管 3—传动齿轮
4—指针 5—表盘 6—传力杆 7—偏摆齿轮

3）最大压力表。最大压力表用于测量柴油机的压缩压力 p_c 和爆发压力，属于弹簧管式压力表的一种。

如图5—13所示为最大压力表的内部结构，它由耐高温高压的合金弹簧管压力表头及止回阀装置两部分组成。表头下部的蛇形管起缓冲、减振和散热的作用。被测流体先经节流圈后入蛇形管，使气压脉动减小，指针读数稳定。止回阀位于接头管上部，它将燃烧室和表头内腔隔开，当燃烧室内压力高于表头内腔压力时，气流顶起阀钮而连通上下两腔。手轮和针阀为测完后开放排气小孔用，使上腔内气体泄出，指针回零位。在测量前将接头螺母装到气缸盖示功阀接头上，拧紧压力表手轮，打开示功阀，使压力表上腔与燃烧室相通，气缸内的压缩空气或燃气可通过止回阀进入表头。测量完成后，拧紧示功阀，关闭测量气道，松开手轮，使压力表内气体排出。进入表内的气体由于节流、散热及管路阻力损失，最大压力表所测得的读数常低于实际值，但可用同一块表相对测试和比较各缸的工作均匀性。在柴油机试验室内，常与气电示功器或压电示功器配合使用，并得出压力修正值。

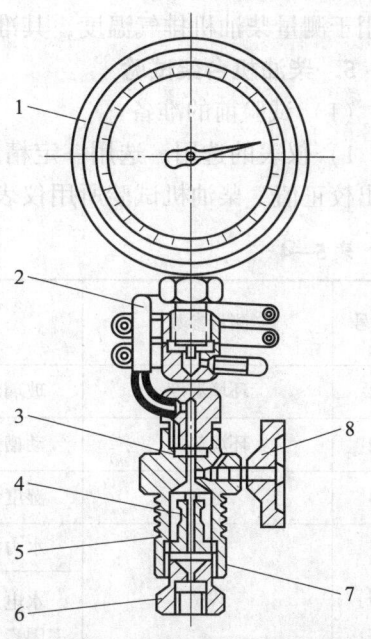

图5—13　最大压力表内部结构
1—表盘　2—蛇形弹簧　3—止回阀座
4—针阀　5—阀钮　6—接头螺母
7—单向阀　8—手轮

(5) 温度的测定

在热力学中用开尔文温标，单位为K，但在日常生活和工程中较多地使用摄氏温标，单位为℃。两者的关系是：摄氏温度加273.15等于开尔文温度。常用的测温仪表有玻璃管温度计、压力表温度计、热电偶测温仪、热电阻测温仪等。

1) 热电偶测温仪。热电偶插入被测介质管道内位置应合适，插入深度应不露出护套太多。测液体温度时，插入深度一般为护套外径的12倍；测气体温度时，插入深度一般为护套外径的15倍。垂直安装时，插入深度为管道直径的1/2，如斜插或水平安装应与气流方向相反（见图5—14）。

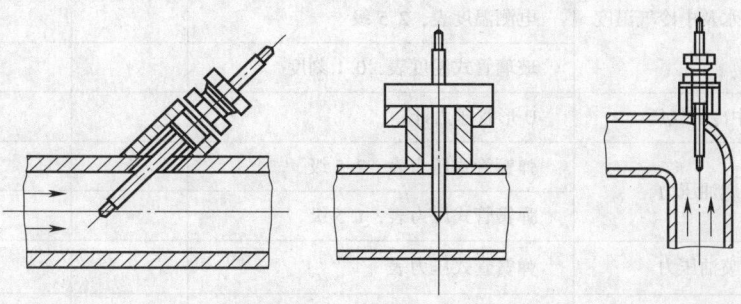

图5—14　斜插或水平安装应与气流方向相反

2）热电阻测温仪。根据导体或半导体的电阻随温度变化的性质，制成热电阻温度计。测量电阻变化的仪表有自动平衡电桥、比率计、动圈式仪表等。铂电阻温度计通常可用于测量柴油机排气温度，其准确度高，化学稳定性好，工作可靠。

5．柴油机台架试验

（1）试验前的准备

1）仪表的选用。选用一定精度等级的仪表，试验前仪表应经定期检验符合规定或得出校正值。柴油机试验所用仪表可参考表5—4。

表5—4　　　　　　　　　柴油机试验所用仪表

序号	测量参数	测量仪表和精度	机车用柴油机试验	教学用柴油机试验
1	环境温度	玻璃温度计，0~50℃，0.1刻度	*	*
2	环境气压	动槽式水银气压表DYM-1型	*	*
3	湿度	湿度计或干湿温度计	*	*
4	功率	水力测功器，±1%	*	*（D350型）
		水电阻装置，包括电流、电压及功率因素	*	
5	曲轴转速	手持离心式转速表，1.5级	*	*
		晶体管数学测速仪Jss-2	*	
		磁电感应式转速表，1.5级	*	*
		发电机式转速表	*	
6	增压器转速	电子频率计数器	*	
7	燃油消耗	台秤（或天平）及秒表	*	*
		自动油耗仪		*
8	燃气温度	镍铬-镍铝热电偶，电位差计，1级	*	
		铂电阻温度计，1级	*	
9	机油、水及中冷气温度	压力表式温度计，2.5级	*	
		电测温度表，2.5级		*
		玻璃管式温度表，0.1刻度	*	
10	中冷后气压	U形管压力计	*	
11	燃油压力	弹簧管式压力表，2.5级	*	
		弹簧管式压力表，1.5级	*	*
12	喷油压力	弹簧管式压力表	*	*
13	爆发压力	最高压力表，2.5级	*	*

续表

序号	测量参数	测量仪表和精度	机车用柴油机试验	教学用柴油机试验
14	示功图	气电示功器	*	
		压电示功器	*	
15	压缩压力	最高压力表	*	*
16	流量	孔板流量计	*	
17	烟度	烟度计	*	
18	废气分析	气体分析仪	*	
19	振动扭转振动	测振仪	*	
		盖格尔扭振仪	*	
20	噪声	声级计	*	

2）油、水、电的准备，油和水的品质检验。

3）柴油机的准备。①柴油机的外观检查；②盘车检查运动件的状态；③配气相位和气门间隙检查；④喷油器喷油压力调整、雾化检验等。

4）其他设备准备。①水力测功器检查；②各管路状态检查；③电器、电路及蓄电池电压的检查等。

5）试验前熟悉要求。①熟悉试验指导书及有关技术文件；②熟悉试验设备，了解操作注意事项；③熟悉试验组分工。

（2）启动及空转

1）如在环境温度 -20 ~ 0℃下启动，应将机油加热到 40℃后注入油底壳，将水加热到 80℃以上灌入柴油机冷却水系；如启动时环境温度高于 5℃，则油、水可不另外加热。

2）按下启动按钮后如不能在 10 s 内启动，则应释放按钮，停机 1 min 以上再次启动。如接连三次启动不成，则应找出原因排除故障后再启动。

3）启动后在最低空载转速下运转 10 min，注意机油压力、柴油机振动及声响是否正常。

（3）试验运转

以负荷特性试验为例。

1）使转速缓慢增加到标定转速，稳定运转 5 min 以上。

2）负荷特性曲线试验点应在 4 个以上，各点间隔应较均匀。

在标定转速下稳速运转，缓慢地开启水力测功器的进水阀，同时将排水阀置于中等开启位。进水后水力测功器指针读数逐渐上升，使指针稳定在第 1 试验点的相应读数上。柴油机加载后转速略有变化，调节调速器手柄位置使保持标定转速运转，在机油和冷却水温度达 70℃ 左右，并稳定运转 10 min 后，统一测量各种参数。继续稳定运转 5 min 后再次测量各参数。

3) 加大进水阀开度，使水力测功器的指针稳定在第 2 试验点的相应读数上，保持标定转速运转，然后按上述同样情况作两次记录。

4) 加大进水阀或减小排水阀的开度使水力测功器的指针分别指在第 3、4、5 试验点的相应读数上，按上述同样办法做两次记录。在整个测试过程中，第一次与最后一次测量时油、水温度的变化不超过 10℃。

5) 测完各试验点后逐渐关小进水阀，使测功器指针逐渐回降，负荷卸除，接着逐渐降温到低速空转，待油、水温度降到 60~65℃ 后，拨动停车手柄使柴油机停止运转。

(4) 试验记录及试验报告

负荷特性试验记录见表 5—5，试验报告应包括如下内容。

表 5—5　　　　　　　负荷特性试验记录

序号	参数名称	符号	单位	水力测功器读数 P				
				P1	P2	P3	P4	P5
1	柴油机转速	n	r/min					
2	燃油测重	ΔG	g					
3	秒表测量时间	t	s					
4	爆发压力（某一缸）	P_z	Pa					
5	排气温度（总管）	t_r	℃					
6	冷却水进口温度	t_{1W}	℃					
7	冷却水出口温度	t_{2W}	℃					
8	机油热交换器后油温	t_{1m}	℃					
9	油底壳内机油温度	t_{1m}	℃					
10	凸轮轴末端机油压力	P_m	Pa					
11	排油烟烟色观察							

1) 前言或概述
① 试验项目、目的和要求。
② 试验概况或必要的说明。
2) 试验台设备简介
① 柴油机的型号及主要规格。
② 试验设备和仪表。
3) 试验结果分析计算
① 柴油机有效功率 N_e 及有效扭矩 M。
② 柴油机平均有效压力 p。
③ 分析及结论。
4) 附表及附图
① 数据记录表。
② 绘出 P_z、t_r、G_f、g_e 及 M_e 随 N_e 变化的曲线。

第二节 燃油系统修理与调试

一、喷油泵的调试方法

Ⅱ号柱塞式喷油泵总成调试如下:

1. 调试前的准备

(1) 开动试验台,检查试验台各部件的工作可靠性。

(2) 将油泵安装在试验台上,并接上各油管。

(3) 向油泵调速器及凸轮轴室内加注润滑油至规定油面。

2. 试运转

(1) 低速启动试验台,排除油路中空气。试验台低压油路压力调至 $(0.5 \sim 0.7) \times 10^5$ Pa;检查各油管连接处及油泵本身,不应有渗漏现象。

(2) 在 500 r/min 左右进行无负荷(不带喷油器)和负荷试运转各 10 min。检查各部件是否有局部过热(超过 70℃)的现象,从油泵侧盖口处,观察各柱塞供油时,回油是否严重。

(3) 用压力表检查柱塞副和出油阀副的密封性。在试运转中发现故障及时排除,不合格零件应更换。

(4) 回油阀压力检查。卸掉泵盖回油管,低速启动试验台,观察泵盖回油阀,在 $(0.5 \sim 1) \times 10^5$ Pa 的压力范围内打开,有柴油流出,即为合格。

3. 试验与调整

油泵应在如下条件进行试验调整,室温为 (20 ± 5)℃,燃油应为 0 号柴油,高压油管应采用 $\phi 6$ mm $\times 2$ mm $\times 600$ mm;喷油器最好为原车喷油器。

(1) 拉杆行程的检查与调整。

1) 启动行程的检查与调整。将调整器操纵臂放在最大油门位置,当油泵凸轮轴转速由 100 r/min 升至 350 r/min 时,拉杆移动的距离为启动行程,一般为 2~3 mm。当行程不符合时,应调整调节轴,向外拧,启动行程增大,反之行程变小。每转一圈相当于启动行程增减 1 mm。调整时严防调节轴与凸轮轴相碰。

2) 校正行程的检查与调整。当油泵凸轮转速由 500 r/min(东方红 804 型拖拉机)升至额定转速时,拉杆均匀移动 1~1.5 mm,若不符合,应调整校正弹簧的预紧力。预紧力减小,校正行程增大,反之减小。此调整范围很小,只有 0.5~1 mm。如若达不到要求,应对弹簧的刚度和调速器等零件进行检查。

(2) 调速器起作用转速(亦称作用点)的检查与调整。调速器起作用转速,主要根据拉杆移动快慢来确定。油门操纵臂放在最大供油位置,逐渐提高油泵凸轮轴转速,拉杆向油量减少的方向缓慢移动,但当调速器起作用后,拉杆移动加快,快慢变化的转折点称为作用点。此转速应符合表 5—6 的规定,若不符合应调整高速限制螺钉。拧入螺钉,起作用转速降低,反之转速升高。

表5—6　Ⅱ号泵调整数据

拖拉机型号	调速器起作用转速（亦称作用点）(r/min)	额定工况		高速停油转速(r/min)	急速工况		最小油门停油转速(r/min)	启动工况		校正油量	
		转速(r/min)	油量(mL/100次)		转速(r/min)	油量(mL/100次)		转速(r/min)	油量(mL/100次)	转速(r/min)	油量(mL/100次)
东方红804型	755~765	750	11.7~12	≤850	250	4~5	350	100	17~22	500	13.5~15

（3）额定油量的检查与调整。调速器操纵臂放在最大油门位置，在额定转速下测定各缸的供油量和不均匀度，结果应符合表5—6的规定。供油不均匀度不大于3%。油量不符，可通过改变油量调节夹箍前后位置来调整。向调速器方向移动调节夹箍，油量减少，反之油量加大。

（4）校正油量与启动油量的检查与调整。调整器操纵臂放在最大油门位置，在表5—6规定的转速下，测定校正油量和启动油量，当校正油量不够时，应调整校正弹簧预压量，启动油量不够时，应将调节轴向外拧。

注意在改变调节轴位置以后，应重新检查调速器起作用转速和额定油量。

（5）高速自动停油转速的检查和拉杆限位螺钉的调整。首先将拉杆限位螺钉退出，操纵臂放在最大供油位置，升高试验台转速，直到完全停止供油，此转速应符合表5—6的规定。此时将拉杆限位螺钉拧进与拉杆相碰，然后退1~1.5圈并锁紧。

当停止供油转速较高时，则需重新检查调速器起作用转速与额定油量是否偏高，调速器零件是否磨损。如不能停止供油，则需检查调速器各部件及柱塞、出油阀偶件是否严重磨损。

调整合适后，在任何转速下，扳动熄火拉钮，应能使喷油泵停止供油；放回熄火拉钮，应迅速恢复供油。

调速器未起作用时，拉杆应是稳定的，不允许有抖动。但凸轮轴转速在100 r/min以内时，由于柱塞泵油的振动，使拉杆抖动是允许的。调速器起作用后，在转速不变时，拉杆抖动量不应大于0.2 mm，过大要检修调速器。

（6）急速油量的检查与调整。将操纵臂置于最小供油位置（碰上急速限制螺钉），在凸轮轴转速为250 r/min时，测定各缸油量应符合表5—6中规定。若油量过小，将急速螺钉拧进，反之拧出，油量不均匀度不超过25%。

油量调整合适后，将转速升到350 r/min，应停止供油。随着转速均匀升降，拉杆移动要均匀灵活。

（7）供油起始角的检查调整。朝正、反两方向用搬杆旋转喷油泵，检查其供油包角度数除以2即是喷油泵凸轮的供油起始角度。如不符合45°±1°范围或各缸间相差大于0.5°时，要通过垫块高度调整。

二、喷油泵试验台的使用与维护

1. 开启试验台总开关前，检查急停开关是否开启；检查设备两侧的手动调速旋钮是否在零位。

2. 开启低压输油泵前，检查进回油管路是否连接妥当、低压调节手轮是否在较低压力位置，以防止通油瞬间因油路密封不良造成溅油而污染衣物和环境。

3. 开启低压输油泵时，手不离开按钮，观察油路有无漏油，如有，则及时关闭输油泵；而后调节手轮缓慢使压力表指示逐步增大，检查有无漏油并及时处理。

4. 在确保低压油路连接密封良好的情况下，先提高调节压力，增大喷油泵低压腔内的流量流速，以达到排气和冲洗喷油泵低压油腔的目的，再调节到合适压力。

5. 安装试验泵时，应确保油泵与试验台连接稳固同心，万向节与联轴器之间应保留一定间隙。

6. 启动主电动机之前，需手拉熄火手柄，尽量使主电动机在较低负荷情况下启动，电动机启动后松开熄火手柄。这样可以延长电动机和电气系统使用寿命。

7. 启动刚安装的喷油泵时，应在低转速下运转，检查喷油泵安装的动态稳定性和同心度，如不合适应及时停机调整。

8. 试验台降速，特别是自然停机时，需将油门手柄置于大油量位置，以增加阻力，缩短降速时间，同时可以减轻变频器制动电路的负担。

9. 高速下的试验调整要准备充分、操作快捷，操作完毕立即降速或停机，尽量减少试验台在较高转速下的运转时间。

10. 试验台运转时随时注意运转声音，一旦有异响立即停机进行检查，防患于未然。

11. 严禁操作人员远离正在运转的试验台，包括找工具、拿零件等情况。

12. 试验台运转过程中，刻度盘及万向节两侧禁止站人，以免甩油弄脏衣服和发生安全事故。

13. 正常停机操作尽量避免使用急停按钮，应通过调速旋钮使试验台转速降至零，这样可避免在下一次开机时转速突然升高。

14. 安装高压油管时，先不要旋紧，在低转速下使各缸向外喷油，排气并冲洗油管接头处异物，从而保证标准喷油器清洁并延长其使用寿命，冲洗接头时，用遮板或盖布遮挡，防止喷油四溅。

15. 不使用气源时，应关闭气源开关，延长气源系统的使用寿命。

16. 使用直流电源时，避免电极引线与试验台金属表面短路，以免因电火花损伤设备表面。

17. 试验结束后：

（1）应全面清洁打扫卫生，特别是集油箱内部。

（2）妥善放置试验附具及试验工具。

（3）认真填写试验台使用记录。

18. 养成良好工作习惯，爱护设备、设施、工具，包括试验用喷油泵。

三、喷油泵标准油量的检测方法

国内喷油泵试验台的量油系统大多仍采用传统的量筒计量法，该测量系统存在量筒的湿度误差、刻度误差、视觉误差等，系统误差较大，自动化程度低，很难满足现代喷油泵对其测量精度的要求。应用现代传感器技术、信号分析处理技术和计算机技术对喷油泵试验台的量油系统进行智能化快速测量已成为当务之急。现有的测量喷油量的方法如下：

1. 德国 BOSCH 公司生产了一种喷油量快速检测设备。其原理是喷油泵的单次、累计喷油量用精密定量泵检测，并对液位压差进行控制。无试验油从喷油器喷出时，压差等于零，屏幕上无流量显示；有试验油从喷油器喷出时，压差不等于零，并转换为正比于压差的电信号，启动定量泵的伺服驱动装置，使压差重新回到零，检测定量泵的转速即可获得正比于油量的脉冲信号，经过计算机处理，并对温度的影响随时进行修正，在屏幕上显示出喷油量。该方法成熟，但复杂且价格昂贵，高精度定量泵国内无法生产，须从国外进口。

2. Hartridge 公司采用 PIG 系统，即采用数显油量与屏幕显示油量的方法，消除了下沉误差及弯形液面引起的读数误差。其生产的 2 500 V.D.M 试验台采用活塞排油式计量仪屏幕显示油量系统，可测定的最小供油量为 0.2 mm^3（0.000 2 mL），分辨率可达到 0.1 mm^3/冲程/管。该方法精度高，但价格昂贵。

3. 日本公司研制的多次喷射量、喷射率测试仪，当燃油喷射到充满燃油的密封容器时，利用压力与喷射量成正比上升的原理测量喷射量，但该方法只适用于多次喷射量的测量。

4. 1997 年国内研制成功 DT-1 型喷油泵试验台活塞式量油装置，该装置的技术原理是，由喷油泵泵出的燃油经高压油管从喷油器喷出去以推动油缸内的活塞移动，活塞杆和一个光栅位移传感器相连。它能高度准确地记录油缸内活塞的位移，并将位移信号输入微机，和微机内油缸截面面积相乘得出进入油缸内燃油的容积。此外，在油缸顶部安装一个温度传感器，对油缸内的油温实时跟踪，并将油温信号输入微机，将燃油的容积按国际标准的要求修正后显示或打印。由于燃油是喷入一密闭油腔内，因此没有挥发误差。由于活塞背面有一定背压，也不会产生气泡。油量分辨率达 0.1 mm^3，可测量最小油量为 15.6 mm^3。

5. 国内有人利用燃油消耗测量仪即电子天平测量喷油量，精度达 ±0.3%，但速度不高。

6. 用针阀升程传感器和一种外卡式传感器及其测试系统，对针阀升程、高压油管内压力波及特征值进行测量，用针阀开启时间和从压力波上测量的喷油开启时间对实测压力波上的相对时间进行标定。再根据压力波上实测的几何供油延续角和几何供油规律，计算出几何循环供油量，并与实测的循环喷油量比较，计算供油系数。在提取压力波特征参数后，利用经训练的人工神经网络可实现对喷油量的检测识别。

7. 对固定在喷油泵活塞上的光栅传感器输出的两个相差 90° 的莫尔信号，用内差法进行细分（倍频），使其在莫尔信号变化的一个周期内，输出 10 个均匀分布的计数脉冲，并用计数器对其进行计数，从而实现了喷油泵喷油量的测量与控制。

8. 山东农业大学的赵忠华等人研制了喷油泵试验台流量传感器。它是基于电磁感应原理研制的磁电式流量传感器，解决了量杯式量油系统量油误差大的问题，其量油的相对误差为 0.81%。单次测量值误差偏大。

第三节　底盘修理与调试

一、离合器片的修理

1．清理

摩擦片有轻微的烧蚀、硬化，可用锉刀或粗砂布磨光后使用。

2．铆接新片

摩擦片严重损坏的要铆接新片，其工艺步骤如下：

（1）拆除旧片

用比旧铆钉直径小 0.4~0.5 mm 的钻头，钻去铆钉头，然后再轻轻冲下旧铆钉，取下旧摩擦片，并用钢丝刷刷去从动盘的灰尘和锈迹。

（2）从动盘钢盘翘曲的检查和校正

检查时，可放在专用架上用百分表测量，如图 5—15 所示。如端面跳动误差大于 0.5 mm，可用宽口扳子或特制夹模进行校正。

（3）选配新摩擦片和铆钉

换用新摩擦片的直径、厚度应符合原摩擦片规格；两片应同时更换，其厚度差不大于 0.5 mm；铆钉应是铜或铝制的，直径应与从动盘孔径相配合，长度以从摩擦片铆孔下平面穿入孔中再伸出 2~3 mm 为宜。

（4）钻孔

用手持虎钳将摩擦片夹持在钢盘上，选用与钢盘孔径相适应的钻头在台钻上按钢盘的孔位分别钻两摩擦片的孔，并做好记号，防止铆接时错位。然后按铆钉头直径用埋头钻头钻出埋头坑。埋头坑的深度一般为摩擦片厚度的3/5。

（5）铆合

采用手工铆合摩擦片，如图 5—16 所示。将与铆钉头直径相同的平铳夹在台虎钳上，把铆钉穿入摩擦片铆孔中，使摩擦片向下，将铆钉头抵紧在平铳上，再用开花铳将铆钉铳开后铆紧（铆钉紧度要适宜，不要过紧，以免损坏摩擦片）。每排铆钉应分别从两面相间交错穿入铆钉孔铆接，使铆钉头均匀分布在两个面上。

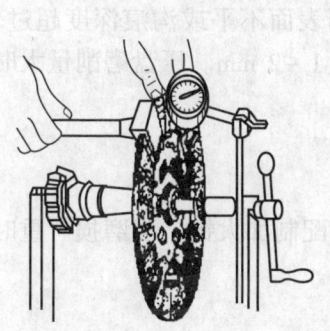

图 5—15　从动盘钢盘翘曲的检查与校正

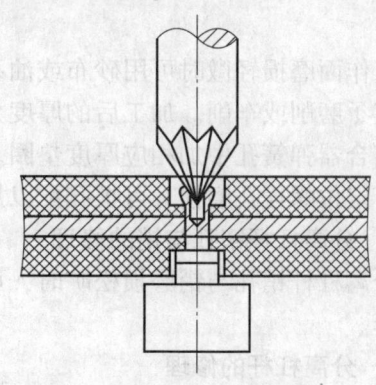

图 5—16　摩擦片的铆接

(6) 修磨表面

一般在飞轮上涂一层白粉，放上从动盘，略施压力转动检查，锉去较高的部分，直到均匀地接触。

(7) 铆接后的质量检查

摩擦片不得有严重的裂纹和破损；铆钉头的深度应距离摩擦片平面 1.0~1.5 mm；外边缘端面跳动不应大于 0.4 mm；平面度误差不应大于 0.5 mm。

3. 注意事项

如果摩擦片良好，只是铆钉松动，那么可除去旧铆钉重新铆接；如果钢盘上原有的铆合孔磨损较多，那么可将孔扩大，用加大直径的铆钉铆接，或在另一位置重新钻孔铆接。

二、制动器摩擦片的修理

1. 制动器摩擦片的铆接

当制动器摩擦片磨损，铆钉头外露或与摩擦片的距离小于 0.5 mm 时，应更换摩擦片，其工艺步骤参见离合器摩擦片的铆接。

2. 制动器摩擦片铆接后的质量要求

(1) 铆接后的摩擦片与制动鼓的贴合面积要在 50% 以上，且由两端向中间分布。检查方法：可在制动鼓上涂上白粉，将制动摩擦片在制动鼓上来回转动，观察贴合印痕，如贴合不好，可用锉刀进行修正。

(2) 重新铆接的摩擦片，要紧密地贴在制动元件上，缝隙不得大于 0.1 mm，铆钉头下沉深度大于 1 mm。

三、离合器的修理

1. 从动盘的修理

离合器从动盘常见的缺陷有摩擦片磨损、龟裂、烧伤、从动盘翘曲、摩擦片铆钉松动等。更换摩擦片有铆接法和粘接法，见初级修理工部分。

2. 压盘的修理

压盘的主要缺陷有工作面磨损、不平、局部烧伤、龟裂，与传动销配合的槽或孔磨损。

工作面磨损轻微时可用砂布或油石打磨平整。当表面不平或沟痕深度超过 0.1 mm 时，应予磨削或车削。加工后的厚度允许比标准值小 1~2 mm。压盘磨削量大时，需要在装离合器弹簧孔中加相应厚度垫圈。

若定位螺栓孔磨损，可扩孔配以加大的螺栓。

3. 分离杠杆销孔与销的修理

分离杠杆销孔与销磨损松旷时，可将销孔铰圆，配制加大销。当磨损严重时，应扩孔镶套。

4. 分离杠杆的修理

分离杠杆工作端面磨损量超过 2 mm 时，可用弹簧钢丝堆焊，按样板锉修，再淬火。

5. 分离轴承的修理

如果分离轴承端面磨损沟痕不深，可将端面磨平使用；如磨损沟痕较深，可用高硅优质钢丝气焊修复、修整后使用。

四、变速箱的修理

1. 齿轮的修理

根据轮齿磨损和损坏情况以及结构特点，可采用换向堆焊、镶齿圈、镶齿等方法修复。

(1) 换向法

对单面磨损的齿轮，轮齿齿厚磨损超过允许值后，如果结构上允许，可以将齿轮调换位置，使未磨损的一面继续工作，不对称形状齿轮应加以改制后换向。

多数变速箱齿轮的轮毂和齿圈是铆接在一起的，单面磨损后，均可换向使用。换向时除去铆钉，单独翻转齿圈，重新铆合即可。

(2) 镶齿圈法

先将齿轮退火，车去要修复齿轮的全部轮齿，另外制造一个齿圈，压装在切削的部位上，并在其结合处沿圆周点焊，或钻孔插入定位销加以固定。最后要对齿轮进行淬火。

(3) 镶齿法

对负荷不大、转速不高的齿轮，可用镶齿法进行局部更新，即在坏的轮齿根部开槽，以一定紧度把新齿坯压入，然后焊牢，并进行加工整形。

对于较大的齿轮，有相邻两个以上轮齿打坏时，可镶焊一块扇形齿坯修复。一般用不能修复的同样齿轮（未损坏的轮齿部位）作齿坯。为保证原齿距，不能离开齿轮样板。

(4) 焊修法

个别齿轮损坏缺角，可以焊补。齿轮浸在水中施焊，焊后不需要热处理。当齿面磨损大于端面磨损时，宜用气焊修复。焊前高温回火（650～750°C），焊后退火，进行齿形加工后再热处理。

2. 花键轴的修理

(1) 键齿磨损

键齿磨损量超过 1 mm 时，可用弹簧钢丝气焊或用直径 4 mm 的中碳钢焊条电焊修复。也可以先用低碳钢焊条堆焊整形后，再用氧乙炔焰喷焊一层合金粉末，最后铣削至标准尺寸。

为了使花键轴工作面保持原有材质，应在未磨损的一侧齿面堆焊，然后加工磨损的一侧齿面，至消除磨痕为止，最后加工堆焊的一侧，恢复标准尺寸。

(2) 轴颈磨损

可用电镀、刷镀或氧乙炔焰喷焊修复。

(3) 注意事项

轴端螺纹损伤可重新套制螺纹，另配螺母；或堆焊后车削至标准尺寸，再套制螺纹。

3. 滚动轴承的修理

滚动轴承常见的缺陷有滚动体和滚道磨损或表面脱落，外圈和内圈表面磨损，保持架磨损、变形或破裂等。

（1）若滚动轴承滚动体和滚道发生表面剥落现象，该滚动轴承就不能继续使用。

（2）滚动轴承外圆外表面和内圆内表面磨损，将使轴承与座孔或轴颈的配合间隙增大，配合松动。此时可用电镀或刷镀方法修复。

（3）轴承保持架变形需矫正，破裂处可焊修。若损坏严重，可单独更换。

（4）若轴承间隙达到或超过极限值，采用如下方法修复：

1）选配法。这是一种最简便的方法。它不需要修理轴承中任何一个零件，而是将同种类轴承全部分解，经过清洗、鉴定后，把符合技术要求的相应尺寸的内、外圈和滚动体重新装配成套，恢复其标准间隙和装配宽度。

选配时对圆锥滚子轴承，首先检查滚动体与滚道接触是否良好，要求接触面积在80%以上。否则要进行修整，修复后的轴承高度不够，可用加垫片的方法补偿。

2）加大滚动体法。当轴承内圈内表面和外圈外表面磨损不严重，圆度不超过技术要求时，可将内、外圈滚道磨削到适当尺寸，扩大保持架，加大滚动体，装配成套，恢复轴承的技术要求。滚动体一般加大 0.3~0.5 mm 为宜。一般可用同一类型不同直径的滚动体，在球磨机磨光后使用。

3）镀铬法。可单独将其轴承内圈镀铬，以增大其尺寸，再磨削加工，然后装配成套，恢复轴承的技术要求。

4）配新圈法。当轴承磨损严重，间隙过大，用以上方法不能修复时，可采用重新制作一个加大尺寸的内圈的方法修复。内圈的加大尺寸量须根据外圈和滚动体的磨损量而定；材料用轴承钢或 15CrMn 时，外圈滚道也要进行磨削。

经修复好的轴承，用手转动外圈，应能轻松、圆滑均匀地旋转，无卡滞松旷现象，然后用量具检查配合间隙及其他尺寸。一般滚珠轴承的径向间隙不大于 0.01 mm，轴向间隙不大于 0.03~0.06 mm；圆锥轴承的安装高度应符合要求。

4. 变速箱壳体及操纵机构的修理

变速箱壳体的缺陷主要有轴承座孔磨损和壳体产生裂纹或孔洞。操纵机构的主要缺陷有各零件的运动表面磨损变形或损坏。其修复方法如下：

（1）变速箱壳体轴承座孔磨损后的修复。轴承外圈与轴承座孔的配合间隙超过允许值时，可采用镶套方法修复。先镗孔，使其直径增大 5 mm，然后用低碳钢配制具有 0.02~0.16 mm 紧度、小径比原孔小 3 mm 的套，压入座孔内。最后将孔镗到标准尺寸。镗孔时必须采用模板（可利用因其他缺陷而报废的同类变速箱壳体制作）进行定位和找正，保证修理后各轴承座孔的相互位置精度。

（2）变速箱壳体裂纹或孔洞的修复。可采用粘接、补板粘接或铸铁焊修等方法修复。

（3）拨叉轴的修复。拨叉轴弯曲时可进行冷压矫正。定位槽磨损轻微时，用油石打磨平滑；磨损严重时，可用直径 3 mm 的中碳钢焊条堆焊（不焊部位浸入水中），然后按样板加工定位槽。

（4）变速杆拨头及配合的导块槽磨损的修复可用堆焊修复。

（5）拨叉的修复。拨叉弯曲时，可放在平台上冷压矫正；磨损严重时，可用直径 4 mm 的中碳钢焊条堆焊后修整。

五、后桥的修理

锁定球销磨损严重时，应换新件；弹簧的弹力不足可加垫片。后桥的齿轮、轴、轴承及壳体的修理与变速箱的修理相同。但是根据某些零件的特点，可采用下述方法进行修理。

1. 中央传动大小圆锥齿轮、差速器行星齿轮和半轴齿轮，如齿面上出现渗碳层剥落时，可用油石打磨，以消除锐边、磨痕。在两不相邻的齿面上允许剥落不超过齿宽的 1/4。当齿面严重磨损时，一般不予修理，而是直接更换新件。由于大小圆锥齿轮手工加工修理时很难保证质量，因此当磨损超过极限值后，应成对更换。半轴齿轮单面磨损严重时，可以左、右换位使用。

2. 大圆锥齿轮与差速器壳连接螺栓孔磨损时，可一起铰孔后配加大的螺栓。

3. 差速器壳与行星齿轮轴相配合的孔磨损后，可扩孔配加大的行星齿轮轴，同时将行星齿轮的轴孔也相应铰大。与半轴齿轮轴颈相配合的内孔磨损后，可先镗孔消除磨痕，再将半轴齿轮轴颈电镀、刷镀或堆焊修复，恢复其标准配合。行星齿轮的轴孔磨损后可用镶套法修复。

六、链轨拖拉机行走系统的修理

1. 导向轮修理

导向轮的缺陷主要是轮缘滚道及轮毂轴承孔磨损。

（1）轮缘磨损时，可用振动堆焊或用钢圈（45 钢板制成）镶边法恢复轮缘尺寸。

（2）轮毂轴承孔磨损时，可在孔内压入钢圈，再将内孔铰至标准尺寸即可。

2. 支重台车修理

（1）支重轮的修理

支重轮的缺陷主要是轮缘磨损，可采用振动堆焊或埋弧堆焊更换轮缘的方法修复。

更换轮缘的方法是：将磨损的支重轮放在专用夹具上，用气割从轮缘内侧轮辐边缘割下，再把预先制好的钢圈焊在轮辐上。焊后轮缘需淬火，其硬度为 388～477HBW。钢圈可用 45 钢锻造或铸造。

（2）密封环的修理

密封环的缺陷是工作面磨损，使支重轮漏油，可在平面磨床上磨平，再在平板上用研磨膏研磨，使其与平板严密贴合（用红丹检查）。密封环经过磨削以后的厚度，小密封环不得小于 4.5 mm，大密封环不得小于 6 mm。

3. 驱动轮的修理

驱动轮的主要缺陷是轮齿和定位销孔的磨损。驱动轮轮齿一般是单面磨损，磨损量的允许值为 5 mm，极限值为 8 mm。

当单面磨损超过允许值，尚未达到极限值时，可以将驱动轮连同轮毂和大小减速齿轮一起左、右对调使用。磨损超过极限值时，可采用如下方法修复：

（1）堆焊法

按事先做好的标准样板形状进行堆焊。即将驱动轮放在可旋转的支架上，并浸入水中，其水面在驱动轮中心线左右，堆焊时，用直径为 4~5 mm 的低碳钢焊条和高碳钢焊条交替进行。焊后用砂轮按样板进行修整。修后，轮齿表面的局部凸出量不得大于 1.5 mm，轮齿端面摆差不得大于 4 mm。

（2）焊接铸钢圈法

先将旧轮齿用气割割掉，然后将事先经过淬火、硬度达到 387~477HBW 的铸钢齿圈焊在原驱动轮的轮辐上。为了保证铸钢齿圈与轮辐的同轴度，焊接必须在专用夹具上进行。

（3）焊补板法

按标准齿形做一个标准齿间圆弧样板和一个圆弧半径比标准尺寸大 6 mm 或 8 mm 的加大齿间圆弧样板，先按大圆弧模板对驱动轮齿间进行刨削加工，再将钢板弹簧制作的圆弧补板放在齿间，并用中碳钢焊条沿四周焊在轮齿上，焊后按标准样板修整齿形。

驱动轮定位销孔磨损产生间隙时，可与轮毂一起铰孔，然后配制相应尺寸的定位销。

七、轮式拖拉机、汽车转向机构和制动器的修理

1. 转向机构修理

（1）转向器的修理（双销式转向器）

1）转向器壳体的修理。如有裂纹，一般应换新件，在缺少配件而裂纹轻微的情况下，允许焊补。

转向器蜗杆轴承如因壳体上孔径磨损变大，其配合间隙超过使用限度 0.10 mm 时，必须焊修或更换。

2）转向器蜗杆及指销的检修。转向器蜗杆如发现有裂纹及梯形磨损，应更换新蜗杆。当发现指销表面有轻微金属剥落烧蚀现象时，必须对蜗杆或指销表面进行修磨，如损伤现象严重，则必须更换蜗杆或指销。当更换指销时，在转向指销轴承未压入摇臂轴前，应用专用环规进行配对检查，使每对的高度差不大于 0.03 mm。

（2）转向传动副磨损的修理

球头销、销座等球关节，因在工作中受力不大，润滑良好，一般磨损缓慢。当磨损不大时，可以通过调整来恢复原配合间隙。若磨损严重，则应更换新件。

2. 蹄式制动器的修理

（1）制动鼓的修理

制动鼓磨损后误差大于 0.25 mm 或有较深磨痕时，应在车床上车削，并保证左、右制动鼓内径误差不大于 1 mm，最大加工尺寸不得大于标准尺寸 4~6 mm。若经多次车削后，可采用镶套法修复。衬套材料用 HT200 铸铁铸造，壁厚 5~6 mm，与制动鼓配合过盈量为 0.075 mm。镶套时先将制动鼓加热至 400℃，然后放入加工的衬套中，

冷却后按标准尺寸车削。

(2) 制动蹄摩擦片的修理

可参照离合器摩擦片的铆接或粘接工艺进行。由于制动器对行车安全关系重大,因此粘接的摩擦片一定要经过检验合格后方可使用。粘接摩擦片对温升和冲击强度十分敏感,故应采用耐高温、耐冲击的胶粘剂。粘接后的摩擦片在270~280℃温度下放置3 h,不应有起泡、分层、破裂等现象。

为了使摩擦片和制动鼓有较大的接触面积,应检查其贴合情况,方法是先在制动鼓上涂白粉,再将蹄片贴在制动鼓上来回运动,观察贴合印痕。要求正常的贴合面积不小于摩擦片总面积的75%,且由两端向中间分布。若两端贴合较重,中间较轻,则制动效果更好。如贴合不好,要用锉刀锉修,或在专用设备上用砂轮对装配好的制动蹄进行修整。大修时,应检查制动蹄回位弹簧的弹力和自由长度,必要时更换新件。

(3) 盘式制动器的修理

1) 制动盘摩擦片磨损后可按修理离合器摩擦片的方法进行修理。

2) 压盘球形凹槽磨损严重时,应更换新件,如有轻微损伤,可用油石打磨。压盘如翘曲、烧伤,其修理方法与离合器压盘的修理方法相同。

第四节 电气设备修理与调试

一、电气设备主要技术参数及检测方法

电源部分由蓄电池、发电机、电压调节器组成。

1. 蓄电池

(1) 铅酸蓄电池参数

铅酸蓄电池的性能用下列参数度量:电池电动势、开路电压、终止电压、工作电压、放电电流、容量、电池内阻、储存性能、使用寿命等。只有充分理解铅酸蓄电池参数,才能挑选适合的铅酸蓄电池,可以很好地使用铅酸蓄电池。

1) 电池电动势、开路电压、工作电压。当蓄电池用导体在外部接通时,正极和负极的电化反应自发地进行,电池中电能与化学能转换达到平衡时,正极的平衡电极电势与负极的平衡电极电势的差值,便是电池电动势,它在数值上等于达到稳定值时的开路电压。电动势与单位电量的乘积,表示单位电量所能做的最大电功。但电池电动势与开路电压意义不同:电动势可依据电池中的反应利用热力学计算或通过测量计算,有明确的物理意义;开路电压只在数字上近于电动势,需视电池的可逆程度而定。

电池在开路状态下的端电压称为开路电压。电池的开路电压等于电池正极电极电位与负极电极电位之差。

电池工作电压是指电池有电流通过(闭路)的端电压。在电池放电初始的工作电压称为初始电压。电池在接通负载后,由于欧姆电阻和极化过电位的存在,电池的工作电压低于开路电压。

2) 容量。电池容量是指电池储存电量的数量,以符号 C 表示。常用的单位为安培

小时，简称安时（A·h）或毫安时（mA·h）。

电池的容量可以分为额定容量（标称容量）和实际容量。

①额定容量。额定容量是规定在25℃环境温度下，电池以10 h率电流放电，应该放出最低限度的电量（A·h）。

a. 放电率。放电率是针对蓄电池放电电流大小的，分为时间率和电流率。

放电时间率指在一定放电条件下，放电至放电终止电压的时间长短。依据IEC标准，放电时间率有20 h、10 h、5 h、3 h、2 h、1 h、0.5 h率及分钟率，分别表示为20 Hr、10 Hr、5 Hr、3 Hr、2 Hr、1 Hr、0.5 Hr等。

b. 放电终止电压。铅蓄电池以一定的放电率在25℃环境温度下放电至能再反复充电使用的最低电压称为放电终止电压。大多数固定型电池规定以10 Hr放电时（25℃）的终止电压为1.8 V/只。终止电压值视放电速率和需要而定。通常，为使电池安全运行，小于10 Hr的小电流放电时，终止电压取值稍高，大于10 Hr的大电流放电时，终止电压取值稍低。在通信电源系统中，蓄电池放电的终止电压，由通信设备对基础电压的要求而定。

放电电流率是为了比较标称容量不同的蓄电池放电电流大小而设立的，通常以10 h率电流为标准，用I_{10}表示，3 h率及1 h率放电电流则分别以I_3、I_1表示。

c. 额定容量。固定型铅酸蓄电池规定在25℃环境下，以10 h率电流放电至终止电压所能达到的额定容量。10 h率额定容量用C_{10}表示。

其他小时率下容量表示方法为：3 h率容量（A·h）用C_3表示，在25℃环境温度下实测容量（A·h）是放电电流与放电时间（h）的乘积，阀控铅酸固定型电池的C_3和I_3值应该为：

$$C_3 = 0.75 C_{10} (A \cdot h)$$
$$I_3 = 2.5 I_{10} (h)$$

1 h定容量（A·h）用C_1表示，实测C_1和I_1值应为：

$$C_1 = 0.55 C_{10} (A \cdot h)$$
$$I_1 = 5.5 I_{10} (h)$$

②实际容量。实际容量是指电池在一定条件下所能输出的电量。它等于放电电流与放电时间的乘积，单位为A·h。

3）内阻。电池内阻包括欧姆内阻和极化内阻，极化内阻又包括电化学极化电阻与浓差极化电阻。内阻的存在，使电池放电时的端电压低于电池电动势和开路电压，充电时的端电压高于电动势和开路电压。电池的内阻不是常数，在充放电过程中随时间不断变化，这是因为活性物质的组成、电解液浓度和温度都在不断地改变。

欧姆电阻遵守欧姆定律；极化电阻随电流密度增加而增大，但不是线性关系，常随电流密度的对数增大而线性增大。

4）循环寿命。蓄电池经历一次充电和放电，称为一次循环（一个周期）。在一定放电条件下，电池工作至某一容量规定值之前，电池所能承受的循环次数称为循环寿命。

各种蓄电池的使用循环次数都有差异，传统固定型铅酸电池为500~600次，启动型铅酸电池为300～500次，阀控式密封铅酸电池循环寿命为1 000～1 200次。影响循环寿命的因素一是厂家产品的性能，二是维护工作的质量。固定型铅电池的寿命还可以用浮充寿命（年）来衡量，阀控式密封铅酸电池的浮充寿命在10年以上。

对于启动型铅酸蓄电池，按我国机电部颁标准，采用过充电耐久能力及循环耐久能力单元数来表示寿命，而不采用循环次数表示寿命，即过充电耐久能力单元数应在4以上，循环耐久能力单元数应在3以上。

5）能量。电池的能量是指在一定放电制度下，蓄电池所能给出的电能，通常用瓦时（W·h）表示。

电池的能量分为理论能量和实际能量。理论能量$W_{理}$可用理论容量和电动势（E）的乘积表示，即：

$$W_{理} = C_{理}E$$

电池的实际能量为一定放电条件下的实际容量$C_{实}$与平均工作电压$U_{平}$的乘积，即：

$$W_{实} = C_{实}U_{平}$$

常用比能量来比较不同的电池系统。比能量是指电池单位质量或单位体积所能输出的电能，单位分别是Wh/kg或Wh/L。

比能量有理论比能量和实际比能量之分。理论比能量指1 kg电池反应物质完全放电时理论上所能输出的能量。实际比能量为1 kg电池反应物质所能输出的实际能量。

由于各种因素的影响，电池的实际比能量远小于理论比能量。实际比能量和理论比能量的关系可表示如下：

$$W_{实} = W_{理}K_{V}K_{R}K_{m}$$

式中　　K_{V}——电压效率；

　　　　K_{R}——反应效率；

　　　　K_{m}——质量效率。

电压效率是指电池的工作电压与电动势的比值。电池放电时，由于电化学极化电阻、浓差极化电阻和欧姆压降，工作电压小于电动势。

反应效率表示活性物质的利用率。

电池的比能量是综合性指标，它反映电池的质量水平，也表明生产厂家的技术和管理水平。

铅酸蓄电池的参数还有很多，但是储存性能是非常重要的，它关系到铅酸蓄电池到底可以储存多少电量。蓄电池在储存期间，由于电池内存在杂质，如正电性的金属离子，这些杂质可与负极活性物质组成微电池，发生负极金属溶解和氢气的析出。又如溶液中及从正极板栅溶解的杂质，若其标准电极电位介于正极和负极标准电极电位之间，则既会被正极氧化，又会被负极还原。所以有害杂质的存在，使正极和负极活性物质逐渐被消耗，而造成电池丧失容量，这种现象称为自放电。

（2）车用蓄电池的技术性能检测

蓄电池技术性能检测的目的，是为了了解其存电量及内在故障，以便有针对性地采取维护措施。目前蓄电池的检测方法主要有以下几种：

1）开路电压检测。如果蓄电池刚充过电或车辆刚行驶过，应接通前照灯30 s，消除"表面充电"现象。然后切断所有负载,用数字式万用表测量蓄电池开路电压。若标称电压12 V的蓄电池测得电压小于12 V,则说明蓄电池过量放电;若测得电压为12.2~12.5 V,则说明部分放电;若高于12.5 V,则说明蓄电池存电充足。

2) 相对密度测试。蓄电池充放电的过程是可逆的。充、放电过程中蓄电池内部物质的变化是逐渐形成的。实验表明蓄电池电解液相对密度每下降0.04其容量约下降25%,因此可以通过测量电解液相对密度来了解蓄电池的放电程度。

蓄电池均设有测量相对密度的加液口,可用吸式密度计测得电解液相对密度。在测量相对密度的同时,还要测量电解液的温度,然后将测得的相对密度换算成20℃时的相对密度。这是因为温度变化时,电解液的密度也随着发生变化,温度每升高1℃,相对密度减少0.000 75,实测密度应按下列公式换算:

$$\rho_{20} = \rho_t + \beta (t - 20)$$

式中 ρ_t——实测电解液密度,g/cm³;

t——实测电解液温度,℃;

β——密度温度系数,$\beta = 0.000\ 75$ g/(cm³·℃),即温度每升高1℃,密度降低0.000 75 g/cm³。

测量后,若各电池槽内的电解液密度的偏差不超过0.02 g/cm³,则为正常。若密度偏差超过0.05 g/cm³,则说明蓄电池有故障,应对其进行修复或更换。

免维护蓄电池在盖上设有一个孔形密度计,其内部装有一颗能反光的绿色小球。随其浮升的高度变化,从玻璃观察孔中可以看到代表不同状态的颜色。若呈绿色,说明蓄电池电量充足;若呈现"暗"区,说明蓄电池需要充电;若呈现"亮"区,说明电解液密度过低,蓄电池已经报废需要更换。

3) 负荷测试。铅蓄电池性能的最佳测试方法是负荷测试。

①用高率放电计测试。单格式高率放电计只能测取单格电池电压,而新型蓄电池联条均为穿壁跨接式,用单格式放电计已无法测取高率放电端电压。12 V整体式高率放电计可测试新型蓄电池。测试时,用力将放电计触针刺入正负极,保持15 s,若蓄电池能保持在9.6 V以上,说明该电池性能良好,但存电不足;若稳定在10.6~11.6 V,说明电池存电足;若迅速下降,则说明蓄电池已损坏。

②就车起动测试。如果没有高率放电计,在起动系统正常的情况下,可用起动机作为试验负荷,步骤如下:拔下分电器中央高压线,并将线头搭铁(实际上将各缸断火);将数字式电压表接于蓄电池正、负极上;接通起动机历时约10 s,迅速读取电压表读数,对12 V电池而言,电压表读数应不低于9.6 V。

4) 单格电池液面高度检测。当电解液液面因蒸发而降低时,应及时补充蒸馏水,使液面高于极板10~15 mm。若电解液液面低于极板,则会使部分极板组裸露在空气中,导致裸露部分极板硫化,而降低蓄电池容量。

2. 电压调节器

由于交流发电机的转子是由发动机通过皮带驱动旋转的,且发动机和交流发电机的速比为1.7~3,因此交流发电机转子的转速变化范围非常大,这样将引起发电机的输出电压发生较大变化,无法满足车用电设备的工作要求。为了满足用电设备恒定电压的要求，交流发电机必须配用电压调节器，使其输出电压在发动机所有工况下基本保持恒定。

3. 电子调节器

电子调节器是通过一个可调的直流电源（输出电压为 0～30 V，输出电流为 3 A）和一个测试灯泡（12 V 或 24 V，20 W）进行检验的，检测电路如图 5—17 所示，检测方法如下：接通开关 S，然后逐渐提高直流电源电压。如果测试灯 L 亮起并随着电源电压的升高亮度增强，而当电压上升至调节器的调节电压值（14 V 调节器为 13.5～14.5 V，28 V 调节器为 27～29 V）或略高于调节电压值时，测试灯 L 熄灭，则说明调节器能正常起调节作用；如果测试灯 L 不熄灭，或一直不亮，均说明调节器有故障，应予以更换。

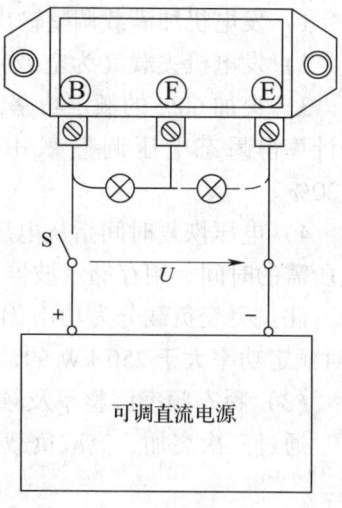

图 5—17 检测电路

4. 发电机

发电机的主要技术参数有输出容量（kVA）、输出功率（kW）、功率因数、频率（Hz）、输出电压（V）、最大（长行/备用）输出电流（A）等。

（1）电压和频率的稳态调整率测量

发电机组的输出电压与发电机组的转速及励磁电流有关，而转速又决定了输出交流电的频率，只有在决定了频率的情况下，才能测量其输出电压的额定值，即先在满载时调整交流电频率为额定值（50 Hz），然后去掉负载（为空载）测量其输出电压为整定（400 V）。逐级加载，25%、50%、75%、100%（或逐级减载）待稳定后，测得输出电压，经计算得稳态电压调整率 dU 应符合要求。

$$dU = \frac{U_1 - U}{U} \times 100\%$$

式中　U——空载时输出的整定电压；

U_1——负载渐变后的稳定输出电压，取最大值和最小值，若三相电取平均值。

可用发电机控制屏上的频率表或 F41B 表测试频率，测得的交流电频率经计算得稳态频率调整率。

（2）瞬态电压调整率及电压恢复时间的测量

通过三次突加、突减负载，测得输出电压，经计算得瞬态电压调整率 dU_S 应符合要求。

$$dU_S = \frac{U_S - U}{U} \times 100\%$$

式中　U_S——负载突变时的瞬时电压最大值和最小值，V；

U——额定电压，V。

当机组为三相机组时，U_S 取三线电压的平均值。

瞬态电压调整率的考核值取三次试验 dU_S 计算值的平均值。

测量方法与步骤：

1) 发电机加满载调整输出交流电频率为整定值（50 Hz）。

2) 发电机去载（为空载）调整输出交流电压为整定值（400 V）。

3) 突加60%的额定功率，然后一次性降至空载，连续进行三次，测得输出电压，经计算得瞬态电压调整率 dU_s 应符合要求，突加大于等于 -15%，突减大于等于 +20%。

4) 电压恢复时间指从电压突变时起至电压开始稳定在与稳定电压相差 $\pm dU$ 范围内止所需的时间。用存储示波器从电压变化的图线上读出。

注：突变负载分为功率因数不超过 0.4（滞后）和 60% 额定电流的三相对称负载（对额定功率大于 250 kW 的油机可为 50% 额定负载）两种。

(3) 瞬态频率调整率及频率恢复时间的测量

通过三次突加、突减负载，测得输出频率，经计算得瞬态频率调整率 df_s 应符合要求。

$$df_s = \frac{f_S - f_3}{f} \times 100\%$$

式中 f_S——负载突变时的频率最大值和最小值，Hz；

　　　f_3——负载突变前的稳定频率，Hz；

　　　f——额定频率，Hz。

测量方法与步骤：

1) 发电机加满载调整输出交流电频率为整定值（50 Hz）。

2) 发电机去载（为空载）调整输出交流电压为整定值（400 V）。

3) 突加60%的额定功率，然后一次性降至空载，连续进行三次，测得输出频率，经计算得瞬态频率调整率 df_s 应符合要求，突加大于等于 -7%，突减大于等于 +10%。

4) 频率恢复时间指从频率突变时起至频率开始稳定在与稳定频率相差 $\pm df_s$ 范围内止所需的时间。用存储示波器从频率变化的图线上读出。

注：突变负载分为功率因数不超过 0.4（滞后）和 60% 额定电流的三相对称负载（对额定功率大于 250 kW 的油机可为 50% 额定负载）两种。

备注：以上所有计算公式均依据 GBT 2820—2009/ISO 8528：2005。

二、拖拉机、农用汽车电气设备的修理与调试

1. 直流发电机充电系统故障诊断与排除

(1) 不充电

发动机中速以上运转时，电流表指示放电，说明有不充电故障。在发动机中速运转时进行下列故障检查。

1) 用一字旋具中部紧靠发电机"电枢"接柱，使一字旋具尖和机壳划碰试火。若火花强，呈亮白色，说明故障在断流器或调节器"电池"接柱至电流表一段电路。检修该电路以排除故障。

2) 用一字旋具使发电机"电枢"接柱搭铁试火时，若火花微弱，呈暗红色或无火，说明故障在外激磁电路或发电机，此时检修外激磁电路或发电机。再用一字旋具连

通发电机"电枢"和"磁场"接柱作进一步检查。这时若电流表指示充电，说明是发电机"磁场"接柱至调节器"磁场"接柱电路有断路故障，或调压器有故障，此时应对该电路及调压器进行检修。

3）用一字旋具连通发电机"电枢"和"磁场"接柱，若电流表指示放电，此时可拆去发电机"电枢"和"磁场"接柱上的连线，用一根铜线连通"电枢"和"磁场"接柱。再用一字旋具使"电枢"接柱搭铁试火，若火花微弱或无火，说明发电机有故障。

4）用铜线连通发电机"电枢"和"磁场"接柱，使"电枢"接柱搭铁试火时，若火花极强，说明发电机正常，故障在外激磁电路。

（2）充电电流过大

发动机中速以上运转时，电流表指针指示20 A以上充电；汽车在行驶时，在2~3 h内，电流表指示充电电流始终大于5 A；同时出现蓄电池电解液消耗快，点火线圈过热，分电器断电触点经常烧蚀，各种灯泡经常烧毁，发电机过热。这些现象说明充电电流过大。在发动机中速运转时进行下列故障检查：

1）拆下发电机"磁场"接柱线头，这时电流表指针仍然卡到底，说明故障在发电机。可能是发电机"磁场"接柱内端导线头和"电枢"接柱内端导线头或和绝缘炭刷架接触，致使外激磁电路被短接，造成发电机电压和输出电流不受解压器和节流器控制。此时打开发电机进行检查调整。

2）拆除发电机"磁场"接柱上导线头，若电流表指示放电，说明故障在调节器。进一步检查解压器触点和节流器触点能否张开，测解压器线圈铁芯有无吸力等。对调解器进行检查调整。

（3）充电电流过小

发动机转速由低逐渐升高，但电流表指示充电电流很小；保持发动机中速运转，进一步开大灯，放射远光，电流表指示放电；蓄电池经常充电不足，灯光暗淡，电喇叭声音小，起动机转速缓慢等。这些现象说明有充电电流小的故障，应作如下检查：

1）用一字旋具连通发电机"电枢"和"磁场"接柱，若电流表仍然指示充电电流很小，说明故障在发电机或限流器。应检修发电机或调整限流器。

2）用一字旋具使发电机"电枢"接柱搭铁试火时，若火花微弱，说明故障在发电机；若火花强，说明故障在限流器。应检修发电机或调整限流器。

2. 交流发电机充电系统故障诊断与排除

（1）不充电

发动机中速运转时，电流表指示放电，说明有不充电故障。使发动机熄火，断开断电器断电触点，然后闭合点火开关。若电流表指示"0"位，说明激磁电路有断路故障，应对激磁电路进行检修；若电流表指示放电电流，说明激磁电路良好，而是充电电路有断路故障，应对充电电路进行检修。

（2）充电电流过大

发动机中速以上运转时，电流表指针向"+"卡到底；汽车行驶时，在2~3 h内电流表指示充电电流始终大于5 A；蓄电池电解液消耗快；点火线圈发热；分电器断电触点经常烧蚀；各种灯泡经常烧毁；发电机过热等。这些现象均表示有充电电流过大的故障，需作进一步诊断。

用手压调节其活动触点臂，观察低速触点能否张开，若触点不能张开，故障原因是：低速触点绕结或高速触点无间隙；活动触点闭合线圈铁芯之间被绝缘物抵死，导致调节器失效，应对调解器进行检查调整。若低速触点能张开，发动机保持中速运转，用一字旋具接触活动触点臂，试探线圈铁芯有无吸力。若无吸力，可能是调节器线圈烧断或电阻烧毁，调节器搭铁不良，应更换调节器电阻，修复线圈，使搭铁牢固；若有吸力，可能是调节器活动触点臂弹簧拉得过紧，而导致调节电压过高，应重新校准。

(3) 充电电流过小

起动发动机，然后是转速由低逐渐升高，但电流表指示充电电流很小；保持发动机中速运转，使大灯放射远光，而电流表指示放电；蓄电池经常充电不足，灯光暗淡；电喇叭声音小；起动机运转缓慢等。这些现象均说明有充电电流过小的故障，需作进一步诊断。在调节器活动触点闭合线圈铁芯之间用绝缘物抵死，保持发动机中速运转，若电流表指示充电电流很大，说明调节器调节电压调得过低，应重新校准。若电流表仍然指示放电电流很小，可用一字旋具连通固定触点臂和活动触点臂使触点短接。这时若电流表指示充电电流增大，说明低速触点烧蚀或脏污而导电不良，应予清除；若电流表指示充电电流仍然很小，说明故障在发电机，可能是硅二极管损坏1个或2个，定子绕组有一相连接不良或脱落，滑环积污过多，应对发电机进行检修。

3. 硅整流发电机调节器的调整和急救措施

(1) 调节器的调整

调节器各部间隙可用塞尺来测量。调节器调整数据见表5—7。

表5—7　　　　　　　　　　调节器的调整数据

型号	调节电压（V）	常开触点间隙（mm）	衔铁与铁芯间隙（mm）
FJ70A	28.4~29.6	0.4	1.2~1.3
FJ60A	27.6	0.4	1.2~1.3
FJ61	13.5~14.5	0.25~0.30	1.28~1.32

(2) 调节器损坏的急救措施

与硅整流发电机配套使用的双触点式调节器损坏后，若无备件更换，可用直流发电机的三联调节器代替。代替的接线方法是：发电机搭铁导线接在调节器搭铁螺钉上，发电机"磁场"接柱与调节器"磁场"接柱连接；发电机和原调解器"点火"接柱的导线与调节器"电枢"接柱连接。这样三联调节器的节流器和断流器失去作用，仅节压器工作。

4. 交流发电机和调节器的连接

在点火开关断开的情况下，用发电机上拆下的3根连线头分别搭铁试火，有火花出现的一根导线是通电火开关进火接线柱的火线，应和发电机"电枢"接柱连接。然后用搭铁试火时，无火花出现的两根导线分别和火线头划碰：有强烈火花出现的一根是调节器搭铁螺钉的导线，应和发电机"负极接地"接柱连接；无火花的一根应与发电机"磁场"接柱和调节器"磁场"连接。

5. 喇叭电路故障诊断与排除

(1) 双喇叭不响

查看熔断器，若发现触点跳开，说明电气部分有搭铁故障。可进一步拆除连接熔断器出火接柱上通其他电路的连线头，然后按下熔断器按钮，使触点闭合。这时触点又迅速跳开，说明是熔断器出火接柱至继电器"电池"接柱之间的连线外皮磨破而搭铁，应修复连线破皮处。将熔断器触点闭合后，若触点不再跳开，可按住喇叭按钮不放：若喇叭不响，但熔断器触点迅速跳开，说明是继电器"喇叭"接柱至双喇叭之间的连线或线头搭铁，应查找绝缘不良的地方予以排除；若喇叭发声，熔断器触点不再跳开，可能是喇叭电路的搭铁在某些活动部分松动而造成有时搭铁，有时不搭铁，应查找松动部位，予以紧固。若熔断器触点未跳开，说明喇叭电路或按钮电路有断路故障。此时，可开转向灯，若灯不亮，说明蓄电池至熔断器一段公用电路有断路故障。若转向灯亮，可用一字旋具中部紧靠继电器"电池"接柱，使一字旋具尖和汽车金属部分划碰试火。若无火花出现，说明熔断器至继电器之间的连线断脱，应重新接好。若有火花出现，再用一字旋具连通"电池"和"喇叭"接柱试响。若喇叭不响，可能是继电器"喇叭"接柱至喇叭之间的连线断开，或喇叭固定板搭铁不良。若喇叭响，再用一字旋具中部紧靠"按钮"接柱，使一字旋具尖和汽车金属部分接触，这时若喇叭响，故障可能是继电器"按钮"接柱至按钮触点之间的连线折断或按钮触点脱焊，应将连线重新接好。若有火花出现，再用一字旋具连通"电池"和"喇叭"接柱试响。若喇叭不响，可能是继电器"喇叭"接柱至喇叭之间的连线断开，或喇叭固定板搭铁不良。若喇叭响，再用一字旋具中部紧靠"按钮"接柱，使一字旋具尖和汽车金属部分接触，这时若喇叭响，故障可能是：继电器"按钮"接柱至按钮触点之间的连线折断或按钮触点脱焊，应将连线重新接好或将脱焊处重新焊好；按钮触点和弹簧座接触不良，接触片太脏等，应调节触点和弹簧座使其接触，清洁接触片。若喇叭仍然不响，说明故障在继电器内。拆下继电器盖，再用一字旋具使"按钮"接柱搭铁，同时观察活动触点能否被吸动。若不能被吸动，可能是电磁铁线圈烧断或线头脱焊，致使按钮电路断路，应检修磁铁线圈或重新焊好线头。若能被吸动，但触点不能闭合，可能是触点间隙过大，应重新校准。若能被吸动，且触点闭合，但喇叭不响，说明触点严重烧蚀或太脏而导电不良，应修复触点或清除脏物。

(2) 单喇叭不响

按喇叭按钮时，只有一只喇叭响。任意拆除一只喇叭，然后按喇叭按钮。若喇叭响，说明被拆除的喇叭有故障；若喇叭不响，说明未拆除的喇叭有故障。单只喇叭不响的原因可能是：单只喇叭线断脱；喇叭触点严重烧蚀，太脏或不能闭合；电磁铁线圈烧断或线头脱焊；振动片和铁芯之间间隙调整不当。应对喇叭进行检查调整或修复。

6. 灯光照明故障诊断与排除

(1) 前大灯不亮

1) 将车灯总开关闭合在二挡位置，然后反复踩踏变光开关踏钮，若两只大灯的近光和远光指示灯全部不亮,说明蓄电池至变光开关之间有断路故障,应将断处重新接好。

2) 查看后灯。若后灯亮,可能是变光开关损坏,检查修复开关;也可能是车灯总开关至变光开关之间的连线折断或线头松脱,应检查重新接好。

3) 查看小灯。查看后灯不亮,可将车灯总开关闭合在一挡位,这时若小灯亮,说明是车灯总开关二挡位损坏而断电,应修复或更换总开关。

4) 查看电流表。车灯总开关闭合在一挡位时,若小灯也不亮,再进一步闭合点火开关,踩踏起动机开关。若电流表指针左右摆动,可能是点火开关至车灯总开关之间的连线断脱或者车灯总开关上的熔断器损坏,应查找断线并接好或换新熔断器。若电流表指示"0"不动,说明是蓄电池至点火开关一段有断路故障,应将断处重新接好。

(2) 灯光暗淡

1) 蓄电池充电不足,检查诊断排除方法与发电机充电系统故障排除方法相同。

2) 检查各导线接头有无松动,搭铁处导线是否可靠搭铁,排除方法是使导线连接、搭铁牢固。

3) 检查大灯导线是否过细,应更换合适的导线。

(3) 转向灯不亮

打开转向灯开关,左右转向灯都不亮,可能原因是:电流表、闪光器、转向灯开关之间断路;闪光器失效;灯泡接触不良等。

打开大灯若亮,说明电流表到熔断器的电源线路良好。这时,用一根导线,一端触在闪光器的电源接柱上,一端划碰搭铁,如有火花出现,则说明电源良好。用一字旋具将闪光器两个接线柱接通,打开开关,若灯亮,则说明闪光器失效,应换新品。若灯不亮,应将转向灯开关上的指示灯导线拆下,闪光器两接线柱继续接通,与开关上的电源线接火。若指示灯亮则说明开关失效,应检修或更换。以上检查都是良好的,无故障时,应查找接线板接头是否脱落、导线是否折断。

第五节 液压系统修理与调试

一、拖拉机、农用汽车液压系统的检查、修理与调试

1. 液压悬挂系统的主要故障与排除方法

以东方红—804型拖拉机液压系统的故障及排除方法为例,见表5—8。

表5—8　　　　东方红—804型拖拉机液压系统的故障及排除方法

故障征象	故障原因	排除方法
不能提升农具或提升缓慢	液压泵离合手柄没有接合,或液压泵偏心轴离合手柄不起作用	接合离合器手柄或更换
	油面过低或吸油滤网堵塞	加油到规定油面高度或清洗滤网
	液压泵和高压油管上的"O"形密封圈损坏	更换"O"形密封圈

续表

故障征象	故障原因	排除方法
不能提升农具或提升缓慢	液压泵安全阀漏油严重或弹簧折断	校正压力或更换安全阀，更换折断的弹簧
	液压泵进油阀或出油阀漏油	修复或更换
	液压泵柱塞与柱塞孔之间漏油	更换已磨损件
	控制阀与封油垫圈严重磨损或封油垫圈损坏或出油阀上部的密封圈损坏	更换已磨损件
	控制阀卡在中立位置或回油位置	清洗控制阀，修复或更换已损坏零件
	油缸中活塞环对口或活塞在油缸中卡住	清洗有关零件并重新安排活塞环
	副离合器有打滑等故障	检查副离合器并排除故障
	里、外拨叉杆错装在摆动滚轮之后	重新安装
	操纵机构失效或调整不当，如中短偏心轴上的滚轮脱落等	重新安装滚轮并调整
	安全阀开启压力过低	调整开启压力到规定值
农具升起后不能下降	控制阀回位弹簧失效	更换控制阀回位弹簧
	控制阀卡滞在中立位置	清洗并修复控制阀
	摆动杆支点位置调整不当	重新调整
	外拨叉杆缓冲弹簧弹性不足	重新调整或更换外拨叉杆缓冲弹簧
农具上升时抖动	油缸的活塞环损坏一个	更换损坏的活塞环
	顶杆上限位螺母与顶杆端面的距离小于 136 mm	重新调整限位螺母与顶杆端面的距离使其达到 136 mm
	高压油路密封不严，有轻微泄漏，油中有少量空气混入	查出高压油路泄漏部位，并排除
农具有时能提升，有时不能提升	控制阀有时有卡滞现象	清洗控制阀，并仔细检查，如有磨损，应修复或更换
	滚轮架有偏摆现象，焊接处有松动	检查并修复滚轮架

2. 液压系统的检查

液压系统的检查有修前检查和修后检查两种。修前检查的主要目的是检查拖拉机在运用过程中或修理之前液压系统或某液压元件的技术指标，可用不拆卸检查法或在试验台上进行。修后检查一般是检查液压元件的修理质量和装配质量，通常在液压试验台上进行。

（1）液压系统密封性检查

在发动机运转状态下，先不加装任何仪器，将分配器手柄置于"提升"位置上停留 1 min，此时能听到安全阀的声响，并检查液压系统的外部零部件、管道和接头处有无渗油现象。

(2) 悬挂农具提升时间的检查

在悬挂机构上悬挂规定的质量，用秒表测量从开始提升到提升至最大高度时所需要的时间。如提升时间超过规定值，就表明液压系统有故障。

(3) 油泵工作能力的检查

主要是测量油泵的输油量及压力。

1) 输油流量的检查。将分配器壳体上的进油管接头螺钉拆下，换上专用螺钉。利用高压软管或过渡接头，把专用螺钉与调压阀连接起来，调压阀的出口与三通阀相连，在调压阀的进油腔上装压力表。向外拧出调压阀杆，使阀孔全部打开，将三通阀置于与油箱相通的位置。起动发动机，使油泵运转，将油液预热到 40～60℃。待发动机达到额定转速后，平稳地旋进调压阀杆，使系统油压逐渐升高到 10 MPa，这时迅速转动三通阀，接通量油筒，测出油充满量油筒所需要的时间，然后计算出油泵的流量。

2) 最大压力的检查。当油泵最大压力低于规定值时，应进行检修。作最大压力检查时，时间要短切勿超过 1 min，以免油泵发热。

(4) 分配器的检查

将两根油管从油缸卸下，把调压阀串接入软管油路中，然后将调压阀全开，分配器手柄置于"中立"位置，进行如下检查。

1) 回油阀严密性及工作情况的检查。从分配器进油口倒入少许煤油，5 min 内在回油阀密封环处不应有明显的渗漏。否则，表明回油阀密封不严，应进行检查或修理。

逐渐关闭调压阀，使通往调压阀的油路完全堵塞，这时如果压力表的读数不大于 $(2～3)×10^5$ Pa，表明回油阀是开启的；如果压力表读数超出上述数值，表明回油阀处在关闭位置，不能正常开启。

将分配器手柄强制在"提升"或"压降"位置，如果压力表显示的压力值很小，说明回油阀在开启位置卡住。

2) 滑阀副严密性检查。可用测量油缸活塞沉降量的方法进行。如果沉降量超出规定值，即表示滑阀副磨损，应拆卸修理。

3) 滑阀自动回位压力的检查。将分配器手柄扳到"提升"或"压降"位置，逐渐关小调压阀，直至分配器手柄跳回"中立"位置，这时压力表的读数即为自动回位压力。如果压力表读数不符合上述数值，在回油阀工作正常的情况下，可调整自动回位压力。

4) 安全阀开启压力的检查。当分配器手柄强制在"提升"或"压降"位置时，逐渐关小调压阀，直到压力表指针稳定在某一读数不再升高，此时应听到安全阀开启的声响，该读数即为安全阀开启压力。当压力表读数不符合规定的标准值时，可调整安全阀调整螺钉。

(5) 油缸的检查

1) 定位阀严密性检查。在悬挂机构上悬挂额定质量，拆下定位卡箍，将悬挂机构升至最高位置，关闭定位阀，拆下通往油缸下腔的油管接头，观察油缸上的接头孔口，不得有向外渗油现象。如有漏油，说明定位阀封闭不严，应予检修。

2) 油缸严密性检查。在悬挂机构上悬挂额定质量，把悬挂机构提升到最高位置，直到滑阀回到"中立"位置，再将油缸定位阀关闭，然后测量油缸活塞杆在 30 min 内的沉降量。

3. 齿轮泵的修理

（1）齿轮修理

齿轮的修理技术要求较高，工艺规范严格。

齿轮端面、外径、轴颈磨损后可用镀铬或研磨的方法修理。若齿轮的齿面有严重的疲劳剥落斑点，齿侧间隙超过最大的允许值 0.35 mm 时，应换新品。若齿轮齿面磨损不严重，齿顶也磨损轻微时，只要对齿轮端面的磨损痕迹进行稍许磨削和研磨，就可以延长齿轮的使用寿命。但修过的齿轮端面对轴颈的轴向跳动量不得大于 0.01 mm，齿轮外径对轴颈的径向跳动量应不大于 0.02 mm，齿轮的宽度相差不得大于 0.005 mm，表面粗糙度为 Ra1.25 μm。

（2）泵盖的修理

泵盖端面磨损后，应该以磨削或研磨的方法整平，表面粗糙度为 Ra1.25 μm。在修理加工中，不应破坏端面与轴孔中心线相互垂直的要求。

（3）泵体的修理

泵体内孔磨损多发生在低压油腔一侧，主要是因轴承松旷、高压油推压等造成的，其磨损量不应大于 0.05 mm。磨损超限后可用镀铁和刷镀的方法修复，修复后其轴套孔的圆柱度应小于 0.015 mm，圆度应小于 0.005 mm。

（4）轴承的修理

轴承径向间隙大于 0.01 mm 时应更换新品。与滚针轴承相配合的轴颈表面粗糙度应为 Ra0.16 μm。轴套端面的磨损伤痕，可用研磨的方法消除。由此引起的与齿轮轴向间隙的变化，可以通过增减垫片进行补偿。

4. 控制阀的修理

滑阀与阀体的主要缺陷是配合表面产生磨损及几何形状误差。用磨削的方法消除滑阀的几何形状误差，然后将滑阀外径镀铬，加工，再与阀孔对研，达到表面粗糙度 Ra0.16 μm，几何形状误差应为 0.003~0.005 mm，配合间隙应正确。

滑阀弹簧自由高度降低 1/2 或弹力降低 1/5 时应换新品。

装配后要进行滑阀机能、换向性能、压力损失和内漏试验。

5. 液压缸的修理

缸筒与活塞的磨损间隙增大到 0.2 mm 以上，或缸壁与活塞有严重的划痕时，可将缸筒进行镗珩磨，消除划痕，同时注意消除锥度。珩磨后表面粗糙度应达到 Ra0.32~0.16 μm，圆柱度和圆度误差不得大于 0.01 mm，然后配加大尺寸的活塞，使其恢复标准间隙。

6. 液压系统的试运转

（1）启动

通过动力传动可使系统各部件得到充分润滑，同时观察启动状态。启动时通常采取点动，经过几次反复，确认无异常现象存在时，才允许投入空载连续运转。

（2）无负荷运转

运转时间不宜过长，一般为 20~30 min。此时允许液压油有一定的温升，温度不得超过 6℃。若温度剧增，应停止运转，查明原因。

(3) 无负荷程序运转

在无负荷运转后，操纵换向阀使液压缸作往复运动。在此过程中，一方面检查液压阀、液压缸、电气元件、机械控制机构等是否灵敏可靠，另一方面进行系统排气。排气时，最好是全管路依次进行，对于复杂或管路较长的系统，排气过程应进行多次。如果混入空气量较少，运转2~3天会自然排除。

(4) 压力调整运转

在无负荷运转之后，对系统压力阀依次调整，同时检查稳定性、调压范围和准确程度。压力调整时可借助压力表直接观察，或用压力传感器进行测定。压力波动值必须在规定范围内。若出现较大压力波动，应查明原因并予排除。系统压力表抖动多数是由于系统内混入空气，压力阀内部泄漏孔口未通、堵塞、液体流动阻力过大、机械振动等引起的。

(5) 流量调整运转

系统执行元件的运动速度由于工况需要，有时要作快慢调整，主要依靠流量控制阀开度由小变大来实现。调整时，注意观察速度变化范围和最小稳定速度。

(6) 短时间负荷运转

运转时，检查将引起压力、温度、振动、噪声等参数变化的情况。一般采取间断加载，间断时间不宜过长。

(7) 全负荷运转

仔细观察运转状态并进行综合检查。检查内容包括压力、速度、扭矩、冲击、振动、噪声、油温、油面高度、漏油、工作机构工作情况等。全负荷运转处于正常状态后，锁紧调整部位，再次紧固定位件。完成全负荷运转报告。

二、农业机械液压系统的工作原理

液压油泵工作时，扳动操纵手柄可分别得到提升、中立位置，系统的油流方向如图5—18所示，分为提升、中立、压降、浮动4个工作位置。

1. 提升位置

当操纵手柄在提升位置时，如图5—18a所示，液压油泵1使油从油道P进入分配器2，经滑阀5环槽沟通的油路及油道B流向液压油缸4的下腔，推动活塞上移，提升农具。与此同时，油缸上腔的油液经油道A进入分配器，经阀下环槽、油道D流回油箱3。

2. 中立位置

当操纵手柄在中立位置时，如图5—18b所示，液压油泵1来油通往油缸上、下两腔的油路分别被滑阀中间两台肩堵死，活塞在油缸内不能移动，农具不升不降。农具与拖拉机刚性地连成一体。此时液压油泵来油经回油阀（图中未画出）流回油箱3。

3. 压降位置

操纵手柄在压降位置时，如图5—18c所示，液压油泵1来油从油道P进入分配器经滑阀下环槽及油道A流向液压油缸4上腔，液压油缸4下腔内的油经油道B、滑阀上环槽和分配器上回油道C流回油箱3。农具从开始降落到接触地面以前，活塞的下降是靠农具的质量作用。农具接触地面以后，通往液压油缸上腔的油泵来油，才强制活塞下降，农具被迫入土，故称为压降。

4. 浮动位置

操纵手柄在浮动位置时，如图5—18d所示，液压油缸上腔经油道A、油道D与油箱3相通。液压油缸下腔经油道B、滑阀上环槽和上回油道C与油箱3相通，活塞在油缸中不受约束，可随农具的自由起落而上下浮动。液压油泵来油经回油阀流回油箱。

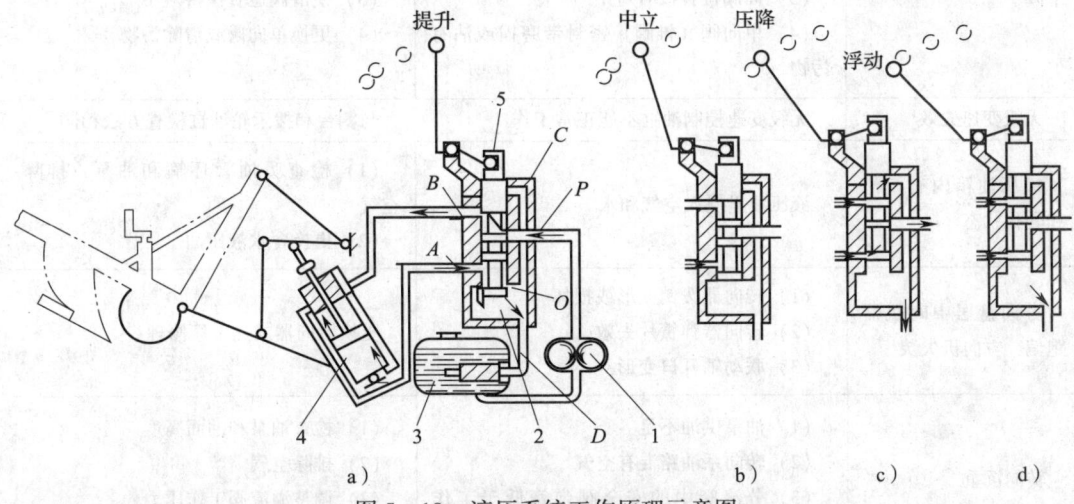

图5—18 液压系统工作原理示意图
a）提升 b）中立 c）压降 d）浮动
1—液压油泵 2—分配器 3—油箱 4—液压油缸 5—滑阀

三、联合收割机液压系统的故障及排除方法（见表5—9）

表5—9　　　　　　　　联合收割机液压系统的故障及排除方法

常见故障	故障原因	排除方法
操作系统所有油缸在接通多路换向阀时均不能工作	（1）油箱油位过低，油泵出油口不出油（油管长时间不升温） （2）溢流阀工作压力太低或锥阀脱位 （3）换向阀拉杆行程不到位，阀内油道不畅通	（1）检查油面，按规定加足油，检查油泵密封性 （2）按要求调整溢流阀弹簧工作压力，调整锥阀回位 （3）拉杆调整到位
割台和拨禾轮升降迟缓或只升不降	（1）溢流阀工作压力偏低 （2）油路中有空气 （3）滤清器被脏物堵住 （4）齿轮泵密封不好 （5）齿轮泵传动带松弛 （6）油缸节流孔堵塞	（1）按要求调整溢流阀弹簧工作压力 （2）排除空气 （3）清洗或更换滤芯 （4）检查齿轮泵密封件 （5）按要求张紧传动带 （6）卸开油缸接头，排除脏物
割台和拨禾轮升降速度不平稳，拨禾轮油缸不下降	（1）油路中有气 （2）溢流阀弹簧工作不稳定 （3）油缸节流孔被脏物堵塞	（1）排除空气 （2）更换弹簧 （3）卸开油缸接头，排除脏物

续表

常见故障	故障原因	排除方法
割台和拨禾轮自动下降	(1) 油缸柱、活塞密封圈失效 (2) 阀体与滑阀的间隙因磨损或拉伤增大 (3) 油阀位置没有对中 (4) 单向阀（锥阀）密封带磨损或沾有污物	(1) 更换密封圈 (2) 送工厂检查修复或更换滑阀 (3) 使滑阀位置保持对中 (4) 更换单向阀或清除污物
无级变速失效	无级变速控制油缸不能正常工作	与割台和拨禾轮油缸检查方法相同
液压油箱内有气泡和乳化状态	液压油里混入空气和水	(1) 检查吸油管环箍和油泵，排除空气 (2) 更换含水液压油
方向盘居中时机器跑偏，方向机失灵	(1) 转向器拨销变形或损坏 (2) 转向器弹簧片失效 (3) 联动轴开口变形	更换转向器或送工厂修理
转向沉重	(1) 油泵供油不足 (2) 转向系油路混有空气 (3) 分流阀中的安全阀弹簧低于工作压力	(1) 检查油泵和油面高度 (2) 排除空气 (3) 调整溢流阀工作压力
多路换向阀不能自动回到中位或在中位时不能定位	(1) 复位弹簧变形 (2) 定位弹簧变形 (3) 定位套磨损 (4) 阀体与滑阀间不清洁而卡死 (5) 操纵杆机械部分不灵 (6) 阀体位置发生形变	(1) 更换复位弹簧 (2) 更换定位弹簧 (3) 更换定位套 (4) 清洗阀或系统 (5) 调整机械操纵部分 (6) 重新安装阀体
卡套式接头漏油	连接管未对正接头体，螺母未按正确方法拧紧	按规定重新对正、拧紧

第六节 作业机械修理与调试

一、联合收割机

1. 主要零部件的修理和修后质量检查

（1）收割台平衡机构

1）如变形，可用冷矫正法修复。

2）压力不符合要求时，可调整左、右弹簧组上的张紧螺栓。

（2）拨禾轮

1）如拨禾轮轴变形，可用矫直的方法修复，修复后的轴应保证其工作压板或弹齿与护刃器或推运器叶片间隙的全线误差不超过 3 mm。

2) 如压板破裂,应更换新品,保证平直,不得有弯曲。

3) 如安全弹簧折断,会使拨禾轮打滑,必须更换新品,并达到 98 N·m 的打滑扭矩。

(3) 切割器及其驱动机构

1) 刀片的修理。如松动应及时铆紧。如定刀片刃口厚度超过 0.3 mm,应拆下磨修,宽度小于护刃器时应更换。如动刀片有 5 mm 缺口,刃口磨损,应拆下磨修后重新铆紧。

2) 刀杆的修理。刀杆弯曲可用锤击矫正,矫正时,先矫正最大弯曲处,不能用力过猛,不能在刀杆上留下敲痕、毛刺和凹陷。最好用木块垫上后,再锤打矫正,如有扭曲,将刀杆不扭曲的部位固定在台虎钳上,用大活扳手夹住扭曲部位,慢慢地向扭曲的反方向扳转,直至松开后刀杆变直为止。如刀杆断裂,可用焊接法修复,焊接时,把刀杆固定在焊接夹具上。刀杆待焊处的两侧,应分别加工出 35°的斜面,把需焊接的刀杆套在夹具的定位销钉上,在刀杆与夹具缺口之间垫上石棉板,再进行焊接,焊缝应趁热锻打。如用锻接,应先将要锻接的一端延长,再将它们加热到锻接温度,撒上石英砂,然后锻接即可。如用黄铜钎焊,可将刀杆断裂处锉成斜面,在斜面间夹以黄铜片,并以铜铆钉铆住,在焊接处撒上硼砂,而后加热,当温度达到 800~850℃时,刀杆就焊住了。修好的刀杆不应有裂纹、弯曲和扭曲的现象;刀杆上的销轴不应有严重磨损,应与刀杆保持 90°角。矫正的刀杆应在检查梁上检查,要求每米刀杆不得有超过 0.5 mm 的弯曲和扭曲。

3) 护刃器的修理和修后质量检查。护刃器轻微的弯曲和扭曲,可用专用扳手矫正;如果弯曲和扭曲严重,则将它拆下加热到 800~850℃,在专用锻模中压正。固定刀片的支承边缘的磨损可用锉刀修整,修后按技术要求检查合格即可。

(4) 割台搅龙

1) 搅龙叶片变形、螺距改变可用木榔头敲击矫正。

2) 叶片断裂,可用气焊焊修。

3) 轴变形,可用冷矫正法矫直。

4) 修后轴弯曲度不得超过 0.75 mm。叶片等组装后应符合技术要求,且没有刮撞杂响。

(5) 倾斜输送器

1) 传动链与链耙齿板的修理。齿板铆钉松动可重新铆紧。链条伸长如不超过 6% 可继续装用;如超过应修理。首先将链节销子的圆头在砂轮上磨掉,与外节片面平齐,然后冲出销子头,选择完好的链条链件,重新装配。注意:打入节片孔的套筒必须反转 180°使磨损面朝里,并且节片套筒冲紧配合。修后的链条链节的铰链部分,手动即可活动,链条伸长试验应符合要求。

2) 一般链轮轮齿允许齿面磨损减少到原齿厚的 40%~50%,齿厚不小于 7.5 mm。断裂的链轮必要时应更换新品。堆焊、焊补、换装齿圈等只是在工作前检修时采用。

(6) 脱粒装置

1) 纹杆式滚筒。纹杆磨损达到全长的 2/5~1/2 时就应更换新品,但应急时可将凸

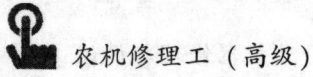

纹大小端方向倒换使用。

2) 钉齿平面磨损。可将其翻转180°重新锻压成形，利用另一面工作。方法是：

①将钉齿加热到1 000℃左右，原工作面向下放入锻模中，用大锤用力锤击上模，即将另一面锻压成工作面。如有条件，可制作液压挤压更佳。

②再加热到800℃左右使工作面一边淬火。

③以180～200℃回火减少淬火部分的脆性。

④弯曲度超过0.2 mm的滚筒轴必须矫正。

⑤修后的滚筒应矫正钉齿位置，并经静平衡检查。滚筒和凹板上钉齿的高度差不得超过1 mm，而达重量平衡后，方认为修理合格，可装机使用。

(7) 分离装置

1) 逐稿器曲拐轴断裂或变形一般都要更换新品，如有条件可用模具来加热矫正。

2) 键箱磨损裂纹可用气焊焊补，变形可用木锤敲打修复。

3) 修复后的逐稿器组装达到技术要求后，方能投入使用。

(8) 清选装置

1) 鱼鳞筛变形可用木锤轻轻敲击矫正。筛片在轴的焊接处开脱，可用焊锡焊在轴上，并除去焊锡的凸瘤。折断的鱼鳞片要更换，修好的应矫直，能旋转自如，其长度差不大于1 mm，开度要一致，允许达2 mm。

2) 木框损坏要更换，修复的筛框应平直、牢靠。

3) 风扇叶片破损应换新品，修复后必须检查风扇的平衡。

(9) 输送搅龙和升运器

1) 升运器链修复组装后，用手从窗口拉转升运器带，应向每一面旋转30°左右为适宜。

2) 输送搅龙叶片变形可用木锤敲击，使其恢复原状，修复的搅龙安装后与壳体的间隙及安全离合器的扭矩应符合要求。

(10) 粮箱及卸粮机构

1) 爪形离合器的齿磨损后可用堆焊方法加高齿，然后打磨恢复到原尺寸。用锉锉爪齿时有打滑感，为硬度符合要求，装机使用在"切离"位置的齿间间隙不小于5 mm。

2) 壳体裂缝可用气焊补焊。

(11) 行走部分

1) 参照柴油机的修理，修后质量应符合技术要求。

2) 油缸修理参考液压部分。

(12) 液压系统

1) 液压泵的轴套磨损后，可更换新品恢复原间隙。

2) 液压泵齿轮磨损后，一般采用更换新的齿轮副来恢复原工作间隙。

3) 轴套端面磨损可加补偿垫片来恢复，但厚度不宜超过2 mm。加入补偿垫片后，要求前轴套的轴肩端面与壳体环槽底平面平齐，即与泵体端面为 $2.4^{+0.09}_{0}$ mm 的距离，以保证密封圈安放时有0.3～0.6 mm的预压缩量。

4) 截止阀关闭不严，可将阀芯和阀体进行互研，直至密封良好为止。修后装机检查，当其关闭时，收割台不自重下沉即可。

2. 整机技术要求及试验

（1）整机技术要求

1）整机及其各部件应完整，不得有缺件、错件和残损。

2）切割器、拨禾轮、脱离装置、行走装置、液压系统与电气系统均应符合技术要求。

3）木质的零件应有光洁的加工表面，且没有磨损。

4）逐稿器、筛子、风扇应完整无变形，工作可靠，鱼鳞筛的筛孔、风扇的风量、风向应能灵活调节。

5）全部传动机构不能有松动、杂音、碰擦等现象；各种轴承间隙合乎技术要求，润滑良好。

6）各传动带、链条应完好无损，紧度合适。

7）各调节机构应灵活方便。

8）行走部分操纵灵活，气压符合标准。

9）液压系统无渗漏，操纵灵活、可靠，压力符合规定。

10）用手转动主传动带轮，应是一人就能转动主传动带轮，使全部工作机构运转，并且无碰擦、卡滞现象。

11）电气系统工作正常，报警系统准确无误。

12）发动机工作正常。

（2）试验

联合收割机结构比较复杂，运用技术要求较高，所以实验必须按照机器出厂说明书的技术要求正确进行，以充分发挥其效能，保证工作质量，延长机器使用寿命，防止意外事故。

新的或修后的机器都必须按照说明书规定进行试车。试车按如下步骤进行：

1）发动机的空负荷试运转。做好启动前的准备工作，启动的前 5 min 以最低转速空转，然后逐渐增加转速，直至额定转速空转。空运转时间总计 20～30 min。在运转过程中，观察发动机的运转情况，查看仪表读数是否在规定的范围内，有无漏油、漏水、漏气的地方，发现有不正常征象，应立即停车，查明原因并排除后，才能继续试运转。

2）联合收割机的空负荷试运转。将脱离滚筒与凹板之间的间隙调至最大，打开各输送搅龙和升运器下盖，用手转动前中间传动轴的带轮，带动各工作部件运转。确认无问题后，再接通发动机的动力，先局部试运转割台，后试运转脱谷部分，再全面试运转。以低、中、高速试运转。

在额定转速的运转过程中，相隔 20～30 min 停车一次，检查各传动轴承有无过热，各紧固处有无松动等。空负荷试运转结束后，检查收割机各部件的技术状态，充分润滑各润滑部位，更换发动机曲轴箱机油，清洗机油过滤器，检查和调整工作离合器。

3）联合收割机的行走空负荷试运转。由 1 挡开始，从低速到高速逐步加快。要定时升降收割台和拨禾轮检查升降的及时和准确性。试运转过程中检查行走离合器和制动器的工作情况，注意行走部分有无异常声响；检查变速箱、驱动轮桥和液压系统有无漏油和过热现象。

经行走空负荷试运转后，检查行走部分各部件的技术状态，充分润滑各润滑部位，清洗液压油箱的过滤器，检查和调整行走离合器和制动器。

4）联合收割机的全负荷试运转。在收获前 5~6 天，选择地平、杂草少、生长一致和不倒伏、产量适度的大地块试割。先用低速挡半幅工作，逐渐增加至满幅，再逐渐加快速度至正常收割速度。开始时，每收割 50~100 m 应停车检查收割质量，调整工作部件。

在试割过程中，应经常注意观察、倾听、检查和调整各工作部件，若发现问题，应及时解决。

二、精量播种机

1. 主要零部件的修理和修后质量检查

（1）排种器

1）排种轮窝眼磨损。工作效能丧失者，可用胶补法恢复，其排种轮尺寸要符合标准力式的排种器（筒）等，必要时更换新品。

2）排种盒式排种滚筒变形或破损。变形可用木榔头冷矫正。如气力式排种器损坏则更换新品。如机械式排种盒破损则可用气焊焊补。

（2）开沟器

1）双圆盘式开沟器圆盘刃口磨损后，应磨修后组装，刃口厚度应小于 0.3 mm；两圆盘接触间隙不大于 3 mm；如圆盘径向磨损量大于 25 mm，应报废更换。轴承磨损（超过 0.5 mm）应更换新品。圆盘铆钉松动应及时铆牢。

2）铧柱变形后应用冷矫正或加热后矫直、淬头。

（3）覆土器

1）覆土器零部件磨损后，一般采用电焊修补恢复。

2）零部件变形，采用冷矫正。

（4）镇压轮

1）镇压轮铆钉松脱，可重铆恢复原状态。

2）镇压轮磨损或变形，可采用气焊修复，修复后的镇压轮必须平整光洁。变形可用冷矫正，轻轻敲击使其复原。

3）如损坏严重，应更换新品。

（5）风机

1）一般精密播种机用的风机失效，主要是风机叶轮的磨损，或壳体磨损，一般应更换新品。如有修复条件可进行修复，一般采用焊补后机械加工恢复原尺寸，如果是钢板压的风叶可用气焊修补，修后的风机叶轮一定要进行平衡后组装，组装后进行风压与风量试验测定，符合要求后方可装机使用。

2）管道破裂或密封损坏，应用胶补，或气焊修补，更换必要的密封件。

2. 整机技术要求及试验

（1）整机技术要求

1）机架不应有弯曲和倾斜。安装开沟器的梁的弯曲度不得超过 10 mm。单体机安装开沟器的柄套不得有变形。

2）牵引或悬挂件应无变形或断裂。

3）行走轮（驱动传动轮）的外缘应成正圆形，径向和轴向摆差不大于10 mm。轮子辐条不得断裂和松动，弯曲度不大于4 mm。轴向间隙不得超过1.5 mm。

4）传动链轮或齿轮应在同一平面内，齿轮应全齿啮合，齿顶与齿根之间应有合适间隙（2~3 mm），链条紧度应适当。

5）种子箱、肥箱应安装牢固，不得晃动。

6）排种器应牢靠地安装在种子箱下方，不得松动；间隙不大于3 mm。排种轮（盘）应完整，不得有损坏，各排种器排种间距（穴株距）应一致，刮种舌和排种轮间隙应一致。

7）排肥不得有阻塞，排肥量应准确可靠。

8）开沟器的运输间隙应大于100 mm，开沟器之间（单体之间）距离应相等，偏差不大于5 mm。开沟器拉杆不应有变形。

9）仿形轮轴向间隙不大于0.5 mm，保证有最大仿形量。

10）风机应有足够的风量和风压，风管要严密。

（2）试验

播种前的试验可在生产田间选择条件较好的地块或在试验场进行，程序如下：

1）田间播量试验，以检查排种器的工作情况和播量调整是否符合要求。

2）观察各传动和传动部件的运动情况，并进行调整。

3）检查播深和覆土厚度是否符合要求。

4）检查播种机在播种作业时，各部紧固件是否拧紧，机架是否水平，以及技术状态是否符合要求，并进行调试。

5）气力式播种机应检查风机的风压量以及管道的密封性。

6）试验结束后，对播种机进行全面技术保养后，即可投入正常生产作业。

三、机动插秧机

1. 主要零部件的修理和修后质量检查

（1）总锥形摩擦离合器

1）离合锥面上的摩擦片磨损失效，重新铆上新摩擦片，方法与一般摩擦片铆修相同，摩擦片与离合锥面应铆贴牢靠，铆钉应在摩擦片凹孔中成开花状或偏鼓状，铆钉头沉入量不小于0.5 mm。摩擦片与带轮内锥接触面积不低于80%。

2）制动摩擦带磨损失效，重铆摩擦带、铆牢靠，铆钉头沉入量不小于0.5 mm，要求平整，没有污损。当离合手柄扳到制动位置时，动力迅速被刹车平稳制动，即为适宜。

（2）定位离合器

1）分离销（分离拨叉）磨损引起分离不完全或不分离，应拆下进行焊补，然后用砂轮磨至原状后，组装使用。如果过量磨损，则应更换新品，焊补的销（或拨叉）必须用锉刀试其耐磨性，较难锉下者，即强度满足要求。使用中，分离后应停机平稳、可靠。

2) 分离牙嵌磨损对工作部分的传动不可靠,应拆下修补或更换。弹簧的弹力减弱或折断,更换新品。

(3) 秧箱

1) 导槽和滚轮磨损或变形,秧箱移动发卡,工作不正常,必须拆下更换,恢复原工作效能。

2) 压秧杆和拦秧杆变形,可通过冷矫正恢复原状。

(4) 移箱机构

1) 指销磨损,拆下焊修或更换新品。

2) 滑套和螺旋轴磨损后,造成秧箱两边有剩秧,拆下更换新品。

3) 移箱轴移动发卡、变形,应拆下矫直后装机使用。

(5) 纵向送秧机构

1) 桃形轮或送秧凸轮磨损,可拆下用硬质合金焊条堆焊后加工修理恢复原尺寸,必要时更换新品。

2) 棘爪变形或损坏,棘轮齿部磨损,拆下更换新品。

3) 棘爪座和抬把复位扭簧变弱,失效或损坏,更换新品。

4) 送秧凸轮与送秧轴连接用锁圈和钢丝销脱落或损坏,拆下更换新品。

(6) 分插机构

1) 分离针变形,可用冷矫正,必要时更换新品。

2) 推秧杆变形,可用冷矫正或更换新品。

3) 栽植推秧杆导套磨损,应更换导套。

4) 骨架油封损坏,应更换油封。

5) 栽植臂缓冲胶垫损坏,引起栽植臂内产生敲击声,应更换新品。

6) 栽植臂或摆杆有裂纹或断裂,可用强力农机粘补胶粘补,必要时更换新品。

(7) 插深调节机构

1) 固定钢丝卡损坏,应更换新品。

2) 升降杆螺钉脱牙或损坏,应更换新品。

2. 整机技术要求及试验

(1) 整机技术要求

1) 各运动件应转动灵活,无碰撞、卡滞现象,润滑良好。

2) 所有紧固件应拧紧,不允许有脱牙现象。

3) 操向把手盘应转动灵活,机头转向角左右各为60°。

4) 油门控制机构应轻便灵活,并能准确地控制发动机低、高速。

5) 总离合器应分离彻底,结合平稳,刹车灵敏可靠。

6) 水田叶轮片侧面与传动箱侧壁最突出部位的间隙为 20 mm,偏差不超过 ±5 mm。

7) 秧箱移动时应平稳可靠,无卡滞现象。

8) 全部栽植臂应运动一致,曲柄应在轴上锁紧,不应有窜动。

9）分离针与秧门两侧的间隙为 1.25～1.75 mm；摆杆调节到最大取秧量时，分离针进入秧门 17 mm；摆杆轴应锁紧，不得有松动。

10）秧箱移动到两端位置时，分离针与秧箱侧壁的间隙为 1～1.5 mm。

11）各分离针取秧量一致，并处于相同位置时，到尾拖板上平面距离的误差不大于 3 mm。

12）定位离合器分离彻底，接合可靠。分离时，分离针需定位在距尾拖板上平面不小于 15 cm 处。

13）各栽植安全离合器在轴上受扭力大于 49 N·m 时，安全离合器分开。

14）送秧时应保证秧箱移动到两端取秧后，分离针移动到秧门下 10～14 cm 时开始送秧。纵向送秧 10 次，送秧轮应旋转 1 周以上。

15）秧箱移动到两端位置时，送秧凸轮与桃形轮对准，实现送秧，移箱时互不干扰。

16）传动各部位不允许有漏油现象。特别是链轮箱、栽植臂不允许有点滴渗油。

（2）试验

凡新机或修后的机器都应进行试车，实行试运转。按要求进行全面检查调整后，按润滑表加注润滑油，用扳手转动万向节轴，检查各部分是否灵活，确认无障碍后，起动发动机进行试运转。

1）插秧工作部分空运转 10 min。

2）配合株距及运输速度试运转 0.5 h，注意不要用大油门。

3）插秧作业前更换水田叶轮，用中油门插秧作业，进行磨合。然后，放净发动机的机油并加注新机油，便可投入正式作业。

4）在 1、2 项试运转时，应注意观察各部，发现问题或故障及时解决，排除后再继续试验。

四、烘干机

1. 烘干机可能发生的故障及处理方法

（1）排出的物料含水分过高。此时应增加燃料使用量或同时减少喂料量。

排出的物料含水分过低。此时应减少燃料使用量或同时增加喂料量。

此项操作应逐步调整至合适状态。大幅度地调整将会造成排料含水分忽高忽低，达不到产品质量要求。

（2）两个挡轮反复受力较大。这种现象应检查托轮与支承轮带的接触情况。同一组托轮不平行或两个托轮的连线与筒体轴线不垂直，都会造成挡轮受力过大，同时也会造成托轮不正常磨损。

这种现象往往是由于安装精度偏低或螺栓松动，在工作中托轮偏离正确位置所致。只要恢复托轮到正确位置，此现象即能消失。

（3）运转中大小齿轮发出不正常声音。这时应检查大小齿轮的啮合间隙，调整合适即能恢复正常。小齿轮磨损严重应及时更换。

齿轮罩密封良好，防止灰尘进入，润滑油充足、润滑可靠是提高齿轮使用寿命的关键。大齿轮罩内应添加厚质齿轮油或黑油。

烘干机试转前，应使电动机转向顺转，不得逆转；并对调速电动机进行校准，同时应检查机内各紧固件。如正常，方可启动电动机，空运转 4～6 h。再检查各连接螺栓是否有松动。如无，则可点火试生产。

(4) 烘干车间是由各配套设备组成的系统。为防止物料过多积存在某一设备中，造成局部负荷过重，故起动、关闭一般应遵照下列顺序：

起动顺序：干料输送设备—高效板式流态烘干机—喂料设备—引风机。

停机顺序：喂料设备—高效板式流态烘干机—干料输送设备—引风机。

烘干系统在炉温升至 200～300℃ 时开始起动，此时喂料量要小。在炉温逐渐升高的同时，再逐渐提高喂料量至正常产量。关机时，须等炉温降至 200～300℃，并打开炉子冷风门。

(5) 高效板式流态烘干机的启动和运转控制

烘干机启动时，转速应逐渐由低到高，至正常转速（由调试时确定），对于不同物料、同一物料不同水分，转速均可适当调整，以达到产、质量最佳。对于易烘干、水分少的物料，转速可略高，以达到高产。对于水分大，难烘干的物料，转速可略低，以保证出料水分。但必须保证物料在烘干机内正常向前运动，防止堵塞。

(6) 注意事项

1) 当烘干机进气温度超过 800℃ 时，应及时打开冷风门，降低烟气温度。

2) 防止正常操作时烘干机内断料，如有发生，迅速关掉炉子鼓风机，使炉子停止燃烧，并停机检查。

2. 试运转

(1) 试运转前，应检查各基础连接与润滑点。盘车检查各机件有无卡住、干扰等。

(2) 开单机试运转：电动机空负荷试运转 2 h，再带减速机运转 4 h。检查电流、温升及注意声响。

(3) 烘干机连续空负荷运转 8 h 后，加料带负荷运转 48 h，并作下列检查：

1) 传动装置不得有振动、冲击及不正常噪声。齿轮的啮合及接触粒度应符合规定。

2) 电动机负荷不应超过额定功率的 30%，温升不超过 40℃，电流不应超过额定电流。

3) 轮带及托轮的接触宽度为轮带宽度的 70% 以上。挡轮接触应良好。

4) 筒体两端密封装置不应有局部磨损现象。

5) 各润滑点的润滑及漏油、油质情况，油温不应超过 60℃。

6) 各处连接有无松动，并再紧固。

第6单元

大功率轮式拖拉机的维护与保养

- 第一节 拖拉机的使用与管理／128
- 第二节 大功率轮式拖拉机的技术保养／130
- 第三节 大功率轮式拖拉机燃油、润滑油和冷却液的使用／133

第一节 拖拉机的使用与管理

一、发动机的操作和维护使用

1. 起动发动机前的准备工作

（1）在起动发动机前做好日常保养工作是必不可少的，即检查冷却液液面、发动机油底壳油面、传动液压系统油位、轮胎气压等状况，不足的一定要及时添加；检查油水分离器，及时排水；必要时保养空气滤清器，在各润滑点加注润滑油及润滑脂。

（2）具备动力换挡及半动力换挡的变速箱，拖拉机在起动时应把换向杆扳到空挡（N）或驻车（P）位置，将手油门拉到低怠速位置（850 r/min 左右），禁止大油门起动发动机。

（3）将动力输出轴动力切断；力调/位调控制钮已逆时针方向拧到底（关闭）；悬挂架控制手柄在提升锁定位置或使农具安全落下位置。

（4）将钥匙开关插入钥匙孔内，顺时针拧动钥匙至Ⅰ挡位置进行灯检；灯检正常后，继续拧动钥匙开关结合起动马达，当发动机起动后，立即松开钥匙。进口轮式拖拉机在起动着车是更应该引起充分注意的是：

1）切勿使用短接马达线的方法起动发动机，以防止正常电路旁接时造成系统电路损坏，以及拖拉机可能在挂挡状态下突然起步伤人。

2）为了避免损坏马达，起动时不可让它连续运转 30 s 以上；如果发动机第一次未能起动，再次起动时需要等待 2 min 以上时间。

3）在我国北方气温低于 -5℃ 时起动发动机，如有必要可使用乙醚辅助起动装置。具体方法是：转动钥匙开关起动发动机，当发动机开始转动后，按住主控盘上的乙醚辅助起动开关喷射起动液，发动机起动后先松开辅助起动开关，再松开钥匙开关；如果气温低于 -12℃ 起动发动机，发动机开始转动后按住乙醚开关 2~3 s，重复该步骤直到发动机平稳运转。

2. 发动机预热

当发动机起动着火后，不能急于使其高速运转，也不得轰油门，否则会使涡轮增压器等发生意外损坏。为了保证充分润滑，发动机应在 850 r/min 的转速下无负荷运转 1~2 min；当气温在 0℃ 以下时，要缓慢分阶段提高转速，适当延长预热时间。

3. 发动机负荷运转

发动机的额定功率是在 2 100 r/min 的转速下获得的。正常工作状况下，最佳发动机转速为 1 500~2 100 r/min，经济工作转速为 1 680~2 100 r/min；轻负荷时，可减小油门，使发动机转速降至 1 500 r/min 左右；满负荷大油门工作时，发动机不能以低于 1 800 r/min 的转速连续运转。

4. 发动机怠速

要避免发动机不必要的怠速空转，防止冷却和润滑不良发生意外事故。但是，如果有必要时，发动机的最低转速不应低于 1 200 r/min，持续时间不应超过 3~4 min。

5. 重新起动因超负荷熄火的发动机

发动机若因超负荷熄火后,应立即减小油门重新起动,避免气缸内热量聚集过多,造成粘缸拉瓦等严重事故。

6. 使用辅助加热器

当气温低于-22℃的时候拖拉机还要在户外工作,为了便于发动机起动,可将发动机体上的专用电插头接到220 V的有接地事故断电器的电源插座上。注意:电源必须可靠接地;加热(保温)时间建议8 h为宜。

7. 使用外接助力电瓶

当拖拉机上的电瓶亏电,不能起动发动机时,可以借助外接助力电瓶(12 V×2)起动。使用外接助力电瓶一定要注意安全,必须远离明火和火花,必须要认准电极没有接反。

8. 关闭发动机

(1) 负荷运转的发动机在关闭前,应先卸掉所有负荷,然后以1 000~2 000 r/min的转速空转1~2 min,不准轰油门,使发动机各部分都能冷却下来,特别是涡轮增压器冷却下来。严禁发动机在大油门状态下关闭发动机。

(2) 将所有用电器(包括车灯)全部关掉。

(3) 将手油门拉回到低怠速位置,取出起动钥匙开关。

二、拖拉机的行驶

1. 行驶挡位的选择

大功率拖拉机特别是进口拖拉机一般有两种变速方式:区域换挡,区域间为同步器换挡(需要使用离合器);动力换挡(无须使用离合器),一般由湿式离合器控制,同时还有前进挡和后退挡2个换向区域。换挡控制杆至少有三个,拖拉机挡位一般为30~70。动力换向杆可以从停车挡位转换到前进或倒车挡位,并且具有动力换挡的特征,可以在前进和倒车之间往复变换。区域杆操作是通过与离合器的配合使用的,可以在不停顿状况下进行区域间挡位变换。

需要注意的几个问题:

(1) 如果起动发动机后变速杆移动得太快,区域换挡变速将无法进行,应将换向杆重新拉回空挡位置再变速换挡。

(2) 利用挡位控制杆(变速杆)进行挡位变换时,在油温高于50℃、发动机转速为2 100 r/min的情况下,换挡时间需要0.6~0.75 s。

(3) 当拖拉机移动时,勿将脚放在离合器踏板上。

(4) 在狭小区域内驾驶或在道路驾驶中需要紧急刹车时,要使用离合器,遵循"先分离后制动"的原则。

(5) 不允许用分离离合器或将变速杆置于空挡的方式使拖拉机滑行,不允许使用半脚离合器的方式超越障碍或克服超负荷。

(6) 在换向杆移至停车位置(P)前,要先将换向杆移至空挡使拖拉机完全停下来(可以轻踏制动踏板帮助拖拉机停下来),否则,将会损坏传动机件。

（7）不要用拖拉的方式发动拖拉机，这样，不仅发动机不能起动，而且会损坏传动系统。

2. 拖拉机在公路上行驶

拖拉机在驶向田间或运输作业时，都有可能上公路行驶。因此，如何安全地行驶，这对每位驾驶员和每辆机车来说都至关重要。

（1）拖拉机的警示标志应符合交通部门的有关规定，大灯、尾灯、闪亮报警灯、转弯信号灯等，都必须保持良好的工作状态。

（2）拖拉机的制动系统必须可靠。上公路行驶前，要将两个制动踏板连接在一起，防止可能发生单边制动而造成事故；轻踩制动踏板以保证差速锁未结合；机械式前驱动开关必须处于底部的辅助制动挡位上，当高速行驶的拖拉机踩下双制动踏板时便能自动结合前驱动，产生四轮制动的效果，保证行驶安全性。

（3）因为大功率拖拉机特别是进口机型没有配置制动输出系统，所以，悬挂大型农具或牵引重载的拖拉机以运输速度在公路上行驶时，尤其是在山坡不平整路面和急转弯处要使用低挡，以防机组可能出现颠簸和摇摆；切不可在坡道上滑行，否则会使机组失控。同时，悬挂机组在公路行驶前，应将"力调/位调"控制开关逆时针拧到底，将悬挂架控制手柄拉起到运输位置挂牢，将选择控制阀锁定键扳到运输锁定位置。

三、拖拉机田间作业

拖拉机是农业生产的主要动力机械，田间作业尤不可少。通常，拖拉机在田间作业时的最佳发动机转速为 1 800～2 100 r/min。轻负荷作业时，使用发动机低转速和高挡位（即高挡小油门）可以节省燃油和减少磨损；而满负荷作业时，发动机应使用大油门，且最低工作转速不得低于 1 800 r/min，以保证足够的牵引力和适宜的工作效率。

田间作业中如果发生一侧轮胎打滑或从泥泞区段解困时，应轻踏差速锁开关使差速锁结合，但工作正常后，必须轻踩制动踏板以解开差速锁，防止影响拖拉机的正常转向和发生机械、人身事故。

第二节 大功率轮式拖拉机的技术保养

拖拉机的技术保养就是基于计划预防维护的基本思路，通过进行正确的技术保养以延长机器零部件的自然磨损时间，保持其良好的技术状态，预防事故损坏和故障的发生。大功率轮式拖拉机特别是进口机型对技术保养的要求是非常明确的，分为日常保养、周期保养和不定期保养三大类。

日常保养：是指班次保养或 10 h 保养，同时包括班次工作中经常性的检查、清洁、紧固、调整和润滑工作。

周期保养：是根据一定的时间间隔和技术要求，必须不断周期循环实施的技术保养工作。

不定期保养：是指根据工作需要或因故障报警、零件损坏、工作中相关环节影响等而进行的保养工作。

1. 磨合期的保养

进口机型的磨合期一般规定为 100 h 左右。磨合期内，应让发动机在中等负荷下运转，但不得持续超负荷。

2. 进口大功率轮式拖拉机技术保养周期表（见表 6—1）

表 6—1　　　　　　　　进口大功率拖拉机技术保养周期表

序号	保养项目	10 h	250 h	750 h	1 500 h	2 000 h	每年	两年
1	检查机油位和冷却液位	●						
2	油水分离器	●						
3	检查传动液压油位	●						
4	检查所有的轮胎	●						
5	更换发动机机油和滤清器（用＋50 机油：375）		●					
6	检查人力制动系统		●					
7	保养电瓶		●					
8	排放油箱积水及沉淀油		●					
9	检查拖拉机是否有松动的螺钉		●					
10	检查空挡起动系统		●					
11	清理驾驶室空气滤清器		●					
12	润滑三点悬挂架与提升连杆、后窗合页	●	●					
13	润滑机械前轮驱动拉杆、固定销、前桥立轴销	●	●					
14	检查机械前轮驱动桥壳体和轮毂油位		●					
15	润滑后桥轴承	●		●				
16	检查空气进气系统			●				
17	检查发动机低怠速（850±50 r/min）和高怠速（2 250±50 r/min）			●				
18	按需要添加冷却液调节剂			●				
19	更换传动液压油滤清器			●				
20	清洗油箱换气过滤器			●				
21	更换传动液压油				●			
22	清理液压油滤网				●			
23	更换机械前轮驱动轮毂和前桥油箱				●			
24	润滑牵引杆支架轴套				●			
25	检查皮带张紧器				●			
26	清洗和重新安装前轮轴承				●			
27	调整发动机气门间隙					●		
28	更换初级和二级空气滤清器芯						●	

续表

序号	保养项目	10 h	250 h	750 h	1 500 h	2 000 h	每年	两年
29	更换驾驶室空气滤清器芯						●	
30	润滑动力输出轴						●	
31	排放、冲洗和重新加注发动机冷却系统							●
32	检查节温器							●
33	更换燃油细滤清器芯							
34	更换油水分离器滤芯							
35	燃油系统排气							
36	给制动器排气							
37	检查发动机室杂物							
38	清理水箱和液压油冷却器、冷凝器							
39	保养空气预清器和滤清器							
40	更换风扇皮带							
41	更换和调整灯							
42	更换保险和继电器							
43	保养空调							

3. 保养注意事项

（1）更换变速箱滤清器和液压油滤清器时，首先使用液压油润滑新的过滤器密封圈，安装并用手拧紧滤芯，然后检查油位并按需要添加。

（2）润滑后桥轴承时，向黄油嘴打注润滑油看到油封中漏出润滑油脂即可。建议使用原车推荐的润滑脂。

（3）检查进气系统时，取下护罩后检查所有的空气进气系统接头是否紧固，检查预清器是否堵塞，检查进气管中是否有灰尘和杂物。

（4）更换传动系统液压油时，应当将拖拉机停靠在平坦的地面上，并运转发动机加热液压油，然后关闭发动机，拆下差速器壳体和机械前驱动离合器壳体下的液压油堵，放完油后重新装上油堵。换好油后，起动发动机几分钟，检查是否漏油，关闭发动机并至少 5 min 后再次检查油位，根据需要添加。

注意：当由一种黏度的油换成另一种黏度的油时，必须重新校正动力换挡控制器。

更换机械前轮驱动轮毂和前桥壳体油时，将拖拉机停靠在平坦的地面上，转动车轮，直到放注口转到轮毂的最低点，松开油堵放油，然后通过加油口加注拖拉机厂家推荐使用的齿轮润滑油，直到油面与加油口底部一样平，运行几分钟后重新检查油位，视需要继续添加。

4. 每年保养注意事项

更换空气滤清器时，必须注意只有当要更换二级滤芯时，才可取出二级滤芯，但不能清理，应立即装上新的滤芯，以免空气进入空气进气系统。

润滑动力输出轴时，拆下卡环，拉出动力输出轴短轴，用约翰迪尔润滑脂，保养时要彻底清洗短轴和花键槽,以防止锈蚀。

5. 两年保养注意事项

冲洗冷却系统和检查节温器:

(1) 关闭发动机等待发动机冷却,打开发动机放水阀放水。

(2) 取下节温器后装上节温器盖。放完冷却液后关闭水阀,然后将商用的冷却系统清洗液加注到系统中,运转发动机至工作温度,关闭发动机并排放冷却系统。

(3) 关闭放水阀,将软水加注到系统中,运转发动机至工作温度,关闭发动机排放冷却系统。取下节温器盖并清理密封部位。在新密封垫上涂上密封胶并安装新的节温器和密封垫。

将所要求的冷却液加注到冷却系统,运转发动机循环和混合冷却液,冷却液容量应达到溢流水箱上的标志。

注意:发动机热时,切勿打开水箱盖;为保证彻底清洗冷却系必须取出节温器,而且在整个冲洗过程中,驾驶室内的暖风都要打到开位置;切勿把冷水或冷却液往热的发动机上倒,必须使用温水或等待发动机冷却。

6. 根据需要保养的项目

更换传动过滤器,更换液压过滤器,保养柴油粗滤器,更换油水分离器,更换柴油滤清器,燃油系统排气,刹车制动系统排气,检查发动机室沉积的杂物,清洁格栅、水箱、液压油散热器和冷凝器,保养空气前置过滤器,保养空气过滤器,更换风扇皮带,更换和调整灯光,更换保险和继电器,保养空调系统,更换发电机。

注意:如不及时更换已堵塞的或损坏的滤清器将会导致输油泵损坏。

7. 重要项目保养操作要点

(1) 检查机油位,应将油标尺拧紧后,再检查机油。

(2) 检查冷却液位,应使发动机处于下沉运转温度时,在观察孔中查看。

(3) 检查传动液压油油位,应将拖拉机停靠在平坦的地面上,并将三点悬挂架放下,关闭发动机几分钟后,观察刻度玻璃窗中的油位,油位应在玻璃窗的高位标志上。

(4) 空气滤清器二级滤芯不能清理,只能更换新的滤芯。

(5) 为保证彻底清洗冷却系统,必须取出节温器。在整个冲洗过程中,驾驶室内的暖风都要打到开的位置。

(6) 切勿把冷水或冷却液往热的发动机上倒,应使用温水或等发动机冷却。

第三节 大功率轮式拖拉机燃油、润滑油和冷却液的使用

一、柴油的选择和使用要求

大功率轮式拖拉机的发动机一般使用柴油作燃料。由于柴油机压缩燃烧的工作特点,因此要求柴油必须具有良好的着火性能和燃烧性能。

1. 柴油的主要使用性能

柴油分为轻柴油和重柴油。轻柴油用于转速在 1 000 r/min 以上的中、高速柴油机作燃料，重柴油则用于转速在 1 000 r/min 以下的中、低速柴油机作燃料。由于现代拖拉机的发动机都无例外地使用轻柴油作燃料，因此需要对轻柴油的主要使用性能有所了解。

2. 轻柴油的牌号

轻柴油的牌号是按其凝点的高低来区分的，目前主要有 10 号、0 号、-10 号、-20 号、-35 号、-50 号等，而每种牌号又有优等品、一等品和合格品之分。

"凝点"是说明柴油低温流动性的指标，即柴油在冷却条件下开始失去流动性时的温度。当气温降低时，燃料中含有的石蜡和水分开始析出结晶颗粒，使燃料变成混浊状，这时，燃料虽然还没有失去流动性，但其石蜡晶粒已开始堵塞滤清器、油管等油路系统而中止供油，因此把这时的温度称为"冷滤点"或"浊点"，即柴油的最低工作温度；当气温更低时，燃料便失去流动性，达到凝固状态，这时的温度要比最低工作温度低 3~5℃，称为"凝点"。如 0 号柴油的凝点就是 0℃，-10 号柴油的凝点就是 -10℃，-20 号柴油的凝点就是 -20℃。

3. 柴油的燃烧性能

柴油机在压缩终了时，气缸温度达 500~600℃，这时，柴油以高压喷成细雾进入燃烧室，由于燃烧室的温度已超过柴油的自燃点 330℃，因此柴油喷入气缸后即可自行着火燃烧。所以，一般高速柴油机可使用十六烷值为 40~50 的轻柴油。

4. 柴油的黏度

黏度是表示燃油稀稠程度的一项指标。柴油的黏度是随温度的变化而改变的，温度升高时，黏度变小；温度降低时，黏度变大。

柴油的黏度与流动性、雾化性、燃烧性和润滑性有很大的关系。柴油的黏度过大，雾化性就不好、燃烧不完全、排气冒黑烟，使耗油量增大。但柴油的黏度也不宜过小，过小会造成精密三偶件润滑不足，漏油增加，使燃油喷射贯穿深度下降，从而降低发动机的功率。

二、柴油的选用与使用时的注意事项

我国大型正规炼油厂生产的轻柴油是完全符合国家标准要求的，但是，我国北方使用的轻柴油是高蜡产品。而近年来进口发动机燃油系的回油要经过散热器冷却，同时发动机又采用高喷射压力的多孔长喷嘴。所以，就对轻柴油的使用提出了较高的要求。

1. 应从不同地区和季节的气温条件出发。气温低的地区和季节，选用凝点较低的柴油；反之，气温较高的地区和季节，选用凝点较高的柴油。从经济的角度出发，因为凝点低的柴油较凝点高的柴油少且价格也高，所以，在气温条件允许的情况下，应尽量延长高凝点柴油的使用时间，这样，既能充分利用国家资源，又能降低生产成本。为使用的安全起见，建议工作中一定要按照表 6—2 规定的环境条件使用不同牌号的轻柴油。

表6—2　　　　　　　　　柴油使用条件

牌号	10号	0号	-10号	-20号	-35号	-50号
使用范围（冷滤点）	有预热设备的高速柴油机	4℃以上地区使用	-5℃以上地区使用	-14℃以上地区使用	-29℃以上地区使用	-44℃以上地区使用

2. 在我国北方低温条件下，可以对高凝点柴油利用废气或循环冷却液将油箱、输油管路进行保温和预热。这样做会比较麻烦，得先使用低凝点的柴油起动发动机，使高凝点柴油温热后进行切换，并在停车前 10~20 min 时，再切换回低凝点柴油，便于下一次起动。

3. 进口发动机柴油加入油箱前，一定要充分沉淀。要求不少于 48 h 沉淀。

4. 经常排放柴油箱和滤清器中的沉淀物和水，保证油箱干净、油路清洁、滤清器技术状态良好，要求一丝不苟地按要求做好燃油系统的维护保养工作。

三、机油的使用

1. 润滑油和传动液压油

应避免不同牌号的润滑油相互混用，否则会妨碍添加剂的正常功能和损害润滑油的性能。

大功率轮式拖拉机的传动液压油是变速箱、后桥、前桥、前轮轮毂和液压系统共用的。使用中必须注意不得与其他牌号的传动或液压油混用，尤其是在借用农具时，必须将借用农具里的液压油放掉、清洗干净，然后再与匹配拖拉机连接。选用润滑脂时，在没有专用润滑脂的情况下，建议使用锂基润滑脂。

2. 关于机油

发动机机油的功能有：降低运动副的摩擦阻力和磨损；密封；散热；清洁。

为此，发动机机油必须满足以下要求：在运动副表面上能够形成保护油膜；能抗高温；能抗腐蚀和锈蚀；能防止活塞环烧结卡死；能防油污沉淀；低温流动性好；不易形成泡沫；长期使用不易变质。

目前市面上有许多不同品牌和等级的发动机机油以适应各种需求，但目前专业炼油厂所生产的通用机油都是仅为达到最低性能指标的，以便降低成本。况且，机油还分为汽油机机油和柴油机机油，这两种机油是绝对不能互换使用或混用的，否则，将会导致发动机性能下降、腐蚀和磨损加剧，结果使其寿命缩短。

3. 关于机油消耗量的判断

发动机在工作中，由于缸套、活塞的运动机理，总有机油消耗的问题存在。但是，如何判断机油消耗量的多少是大家都非常关心的。现在介绍用燃油消耗量与机油消耗量的比例来进行判断的方法：

A. 优秀：消耗 1 kg 机油，燃油消耗大于 1 000 kg。

B. 正常：消耗 1 kg 机油，燃油消耗为 600 kg~1 000 kg。

C. 观察：消耗 1 kg 机油，燃油消耗为 400 kg~600 kg。

D. 修理：消耗 1 kg 机油，燃油消耗小于 400 kg。

四、冷却液的使用

目前大多数大功率轮式拖拉机的发动机里的冷却液是为防锈、防气缸套穴蚀和冬天 -37℃以上气温时的防冻保护。如果实际环境气温低于 -37℃，就可从散热器（机体）中放出部分冷却液后，再加进相同部分的冷却液原液，使之能抵御 -52℃以下的严寒天气（因为这样，冷却液中含乙二醇基的成分将达到 60%，但乙二醇基的含量再也不能提高了，否则将对发动机有害）。

冷却液的排放间隔如下：

首次：2 年或 2 000 h；

以后：每 3 年或 3 000 h。

由于冷却液在发动机运转过程中会逐渐变质，因此在更换排放间隔期内，每 600 h 或 12 个月需要用试纸检验冷却液是否合格，并且在必要时补充原车添加剂。如果冷却液液面偏低，则采取冷却液原液和蒸馏水 1∶1 的方法向系统里添加到位。注意：不可随意添加蒸馏水，更不可添加自来水或矿泉水。

第7单元

机器维修后质量检测

- 第一节　机器修后试验运转规范／138
- 第二节　拖拉机、农用汽车大修后的试运转／138
- 第三节　修后质量检验／139

第一节 机器修后试验运转规范

拖拉机修理后的厂内试运转，包括发动机试运转（即冷磨合、热磨合和试验）和整车空驶。几种拖拉机的空驶试运转规范见表7—1。农用汽车修理后的厂内试运转，除发动机试运转外，一般用相当于75%的额定载质量，在硬路面上时速不超过30 km/h的条件下，进行不超过30 km的试运转，其试运转规范见表7—2。

表7—1　　　　　　　　　　拖拉机空驶试运转规范

机型项目	各挡磨合时间（h）							
	1	2	3	4	5	6	倒1	倒2
东方红—804	1	1	1	1	1		0.5	
约翰迪尔—654/704	1	1	1	慢4 1	慢5 1		0.5	
福田—M254-E 长春—DF-1254	1	1	1	1	0.5	0.5	0.5	0.5

表7—2　　　　　　　　　　农用汽车试运转规范

项目 各车型磨合时间（h）	无负荷运行				1/3负荷运行				2/3负荷运行				总计	备注
	一挡	二挡	三挡	四挡	一挡	二挡	三挡	四挡	一挡	二挡	三挡	四挡		
五征 7YP-1450D8	0.5	0.5	0.5	0.5		2	1.5	1		4	3	2	215	1/2负荷时，二、三、四挡磨合时间分别为3 h、2 h、1 h
时风 7YPJ-(950)1150	1	1	1	1	3	3	3	4	4	4	4		33	无负荷时，倒挡磨合1 h

第二节 拖拉机、农用汽车大修后的试运转

拖拉机、农用汽车总装后，还需进行两个阶段的试运转。第一阶段试运转是由修理厂负责进行，主要目的是检查修理质量和进行全面调试；第二阶段是用户使用前的试运转，主要目的是磨合。

一、试运转前的检查和准备

1. 检查系统的各组成部分的完整性、连接的正确性和可靠性,如有不当,应予以纠正。
2. 检查各调整部位调整的正确性,必要时应予以补充调整。
3. 检查操纵机构静态的灵活性、照明和信号装置是否正常。
4. 检查轮胎气压是否正常,必要时应予以补充充气。
5. 加足燃油、润滑油和水。检查蓄电池、制动装置、液压系统、空气滤清器等的电解液或油是否符合要求。检查各管路和接头有无泄漏现象。
6. 向各润滑点加注润滑脂。

二、试运转中的检查

在试运转过程中,应随时注意检查各系统、各部位的技术状态和各种仪表的读数。当发现有异常现象时,应根据具体情况予以排除。

1. 检查各总成间连接处有无松动、变形或位移。
2. 检查有无漏水、漏油、漏电、漏气现象。
3. 检查发动机、变速箱、制动鼓、主减速器壳以及中间轴承座、发电机等是否有温度过高的现象。
4. 检查制动系统的性能以及有无漏气现象。

三、试运转后的工作

1. 趁热放出发动机油底壳中的机油和传动系统中的齿轮油,并用柴油进行清洗。
2. 清洗各种滤清器,必要时更换滤芯。
3. 检查发动机、离合器、制动器和转向机构的各项调整参数,必要时,重新进行调整。
4. 检查并拧紧各部分的螺钉,重点是气缸盖、连杆、前后轮和各总成之间连接的螺钉。
5. 检查并维护电气设备,保证其正常工作。

第三节 修后质量检验

一、气缸修后的质量检验

气缸修理后,应对气缸的直径、圆度、圆柱度、表面粗糙度和气缸中心线偏斜情况等进行检查,以评定其修理质量的好坏。检查要求:

1. 气缸套内表面无黑皮(未镗到处)、刀痕,表面粗糙度 Ra 值不大于 $0.16\ \mu m$。
2. 气缸套尺寸应在公差范围内,圆度误差和圆柱度误差不大于 $0.02\ mm$。

3. 气缸中心线的偏斜在 100 mm 长度内不得超过 0.05 mm。

气缸中心线的偏斜是以缸壁厚度差来表示，检查方法如图 7—1 所示。检查时，将气缸套套在一个一面磨平的圆柱上，再把两个百分表固定，使表头顶在缸套的安装带上。然后转动缸套，并观察指针的摆动情况，即可判断缸套中心轴线是否偏斜及偏斜的程度。当两表指针同时向一侧移动，且数值相等时，表示缸套中心轴线发生平行移动；当两表指针同时向一侧转动，但数值不等时，表示中心轴线偏斜，并移向一侧；其中一端千分表指针不动，而另一端百分表指针偏向一边，表示缸套中心轴线一端发生位移；两百分表指针同时摆动，但方向相反，表示缸套中心轴线与标准中心轴线交叉。

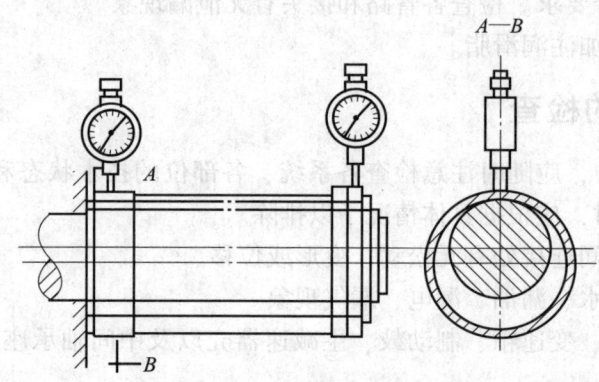

图 7—1　气缸中心线偏斜的检查

二、活塞连杆组修后检查

1. 检查活塞销与连杆小端衬套之间转动是否灵活，连杆小端沿活塞销轴方向有一定的移动量，如东方红—804 型拖拉机不小于 2.5 mm，约翰迪尔天拖—654/804 型拖拉机不小于 2 mm。
2. 检查活塞裙部的圆度，若圆度比装配之前大，应查明原因，设法消除。
3. 在连杆检验仪上检查活塞裙部母线与连杆大端孔中心轴线的垂直度。活塞裙部下端与检验器平板之间的间隙值在 100 mm 长度内不得大于 0.05 mm。
4. 各缸之间活塞连杆组总质量之差应不大于规定值。

三、机油泵修后检验

1. 试运转

经过修理以后重新安装的机油泵，在检验工作性能指标之前，应先进行试运转。方法是：调整试验台油压调节阀和无级变速手柄，使机油泵在低速（即 1/3 额定转速）、最小压力下运转 5~6 min，然后逐渐提高转速和油压直至额定数值。

经过试运转后的机油泵，即可作工作性能指标的检查。

2. 限压阀压力的检验和调整

(1) 检验方法

开动试验台，调整无级变速手轮，使试验台主轴转速与机油泵工作转速一致。同时调整试验台油压调节阀,使油压逐渐升高,并注意观察限压阀旁侧的回油孔。当发现回油孔大量喷出机油,试验台压力表指示压力也不再继续上升时,即表明限压阀已全部打开。此时记下试验台压力表读数,即为限压阀打开的压力。若与要求压力不符合,应予以调整。

(2) 调整方法

首先将限压阀调整螺母拧松,看限压阀打开后的压力大小,调整限压阀调节螺钉,拧入调整螺钉则压力增加,反之则压力减小。调整合适后,应重新拧紧调整螺母。

(3) 泵油量的检验

检查泵油量时,试验台的转速与检验限压阀时相同,调整试验台油压调节阀使试验台油压表指示压力达到拖拉机主油道压力。然后关闭试验台上油箱(即可测量油箱)的放油阀门,这时机油泵向上油箱泵油,当油面上升到上油箱油量指示器刻度 "0" 时,反转漏沙计时器,待沙漏完(相当于 1 min 时间),观察油量指示器上的油面高度,读数即为该油泵 1 min 的泵油量。修理后的机油泵的泵油量,应达到或超过该泵标准泵油量的指标。

当在试验台上检查泵油量不足时,首先应查找试验中的影响因素,如试验中的油路及其连接是否有漏油、漏气的地方,试验用的机油泵进、出油管截面大小是否与在拖拉机上安装时的实际管路截面相等,以及试验转速、压力、计时等是否准确。如上述各因素查找排除后,泵油量仍不足,则应对机油泵作拆卸检查。

四、液压系统的检验

检查液压元件的修理质量和装配质量,通常在液压试验台上进行。

1. 试验要求

液压元件的各项技术性能指标是否确实符合要求,除取决于元件本身的质量外,还与试验方法、试验精度以及工作油液的质量有很大关系。对液压试验台和工作油液的基本要求是:

(1) 动力源

试验台上的动力源作为液压泵的功率输入装置,输出功率可按下式确定:

$$N_{输入} = \frac{\Delta P Q_{实}}{612\eta}$$

式中 $N_{输入}$——液压泵的输入功率或动力源的输出功率,kW;

ΔP——液压泵出口与进口的压力差,kPa,一般情况下,按液压系统额定工作压力计算;

$Q_{实}$——液压泵实际输出流量,L/min;

η——液压泵的总效率,一般可取为 0.6~0.8。

试验分配器和液压油缸时,其动力源为液压泵,一般可用原机液压泵作动力源。

(2) 加载装置

试验液压元件时,要在系统内造成一定的油液压力,以模拟拖拉机液压系统真实的工作情况,为此试验台要设置加载装置。

试验液压泵最通常的加载方法是节流加载;试验油缸和提升器常采用液力加载。

(3) 测试仪表

试验常用仪表有压力表、流量计、转速表、温度表。

压力表的精度要求误差应小于±1.5%,量程为140%~200%,要垂直安装,并力求和测量点在同一水平面上。

流量计的精度要求误差小于±1.0%。一般采用椭圆流量计或涡轮流量计。

转速表常采用指针式或电子式,精度应保证试验误差小于±1.0%。

温度表可选用压力表式温度计。

(4) 试验用油

目前常用的油液是20号机械油、11号或14号柴油机机油、10号或15号车用机油等。油温应保持在(50±5)℃范围内。

2. 液压泵的检验(见图7—2)

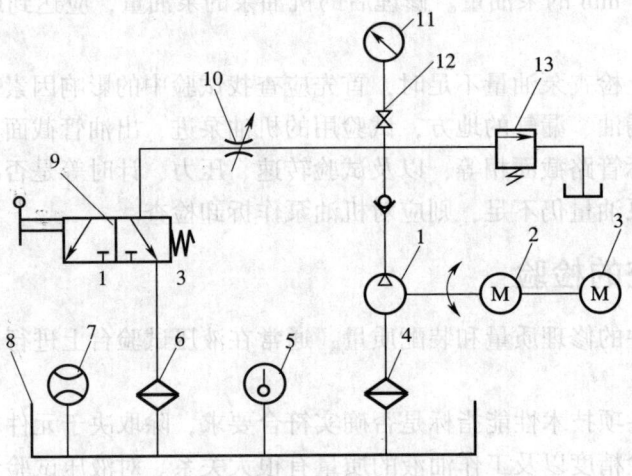

图7—2 液压泵试验参考油路

1—被试泵 2—交流电动机 3—转速表 4—滤清器 5—温度计 6—冷却器 7—流量计
8—油箱 9—三通换向阀 10—可调节流阀 11—压力表 12—截止阀 13—安全阀

(1) 跑合试验

首先调节可调节流阀10,使被试泵在空载压力工况下启动(空载压力工况指泵的输出压力不超过额定压力3%的工况;当额定压力低于160 kPa时,则输出压力允许不超过5 kPa),在额定转速下运转2 min以上。然后调节可调节流阀逐渐加载,分级跑合,并检查被试泵的空载压力工况流量,该流量为理论流量的95%~110%时为合格。

(2) 满载试验

在额定转速和额定压力下运转2 min以后,测定满载流量,并计算被试泵的容积效率。修后的液压泵容积效率应大于或等于80%。

(3) 超载试验

在试验台上利用可调节流阀加载至额定压力的125%,运转1 min以上,复查额定流量。该试验的目的是检查被试泵在最大负荷状态下运转的可靠性。

齿轮泵要重新紧固泵盖螺钉。

在上述三项试验的全过程中,检查被试泵不允许有外漏和异常噪声、振动、温升等不正常现象。

(4) 安全阀开启压力试验

可将安全阀总成装在喷油器试验器上进行此项试验。

3. FP型分配器的检验（见图7—3）

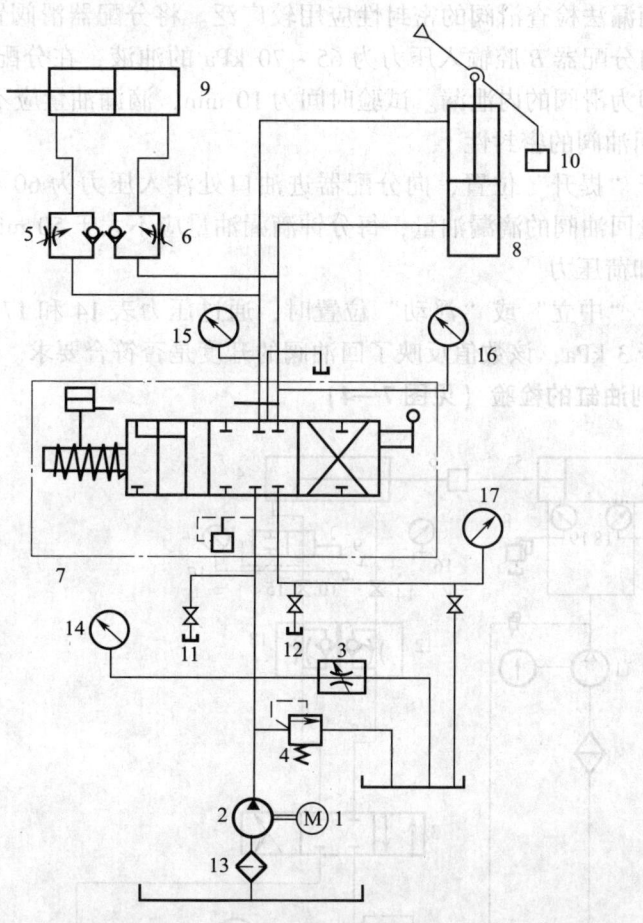

图7—3　FP型分配器试验参考油路

1—电动机　2—液压泵　3—调速阀　4—溢流阀　5、6—单向节流阀
7—分配器　8、9—油缸　10—重块　11、12—量杯
13—滤清器　14、15、16、17—压力表

(1) 滑阀机能和操纵性能的检查

操纵分配器检查各个工作位置的定位、跳位、换向可靠性及换向操纵灵活性,工作时滑阀应无卡滞现象,在安全阀开启前不允许有响声和抖动。试验台油缸处于下极限位置时,将滑阀手柄置于"提升"位置,调整溢流阀4使系统升压,当压力表14指示在100～110 kPa时,滑阀应自动跳回中立位置,不符时应进行调整。反复检查数次,每次检查间隔时间不大于5 s。

(2) 安全阀开启压力的检查

将滑阀手柄强制于"提升"或"压降"位置,并使分配器加压。当压力表 14 指示为 (135±5) kPa 时,安全阀应开启(此时可听到分配器内产生噪声),不符合时应进行调整,反复试验不少于 5 次。在安全阀打开压力下保持 30 s,检查各密封处不得有渗漏油现象。

(3) 检查滑阀的密封性

目前采用滴漏法检查滑阀的密封性应用较广泛。将分配器滑阀置于"中立"位置,调整溢流阀 4 向分配器 B 腔输入压力为 65~70 kPa 的油液,在分配器进油处测量滴漏油量,该油量即为滑阀的内泄漏。试验时间为 10 min,滴漏油量应不大于 20 mL。

(4) 检查回油阀的密封性

将滑阀置于"提升"位置,向分配器进油口处注入压力为 60~70 kPa 的压力油,在回油口处测量回油阀的滴漏油量,每分钟滴漏油量应不大于 50 mL。

(5) 检查卸荷压力

将滑阀置于"中立"或"浮动"位置时,通过压力表 14 和 17 测量进、回油口的压力差应不大于 3 kPa,该数值反映了回油阀的开度是否符合要求。

4. YG 系列油缸的检验(见图 7—4)

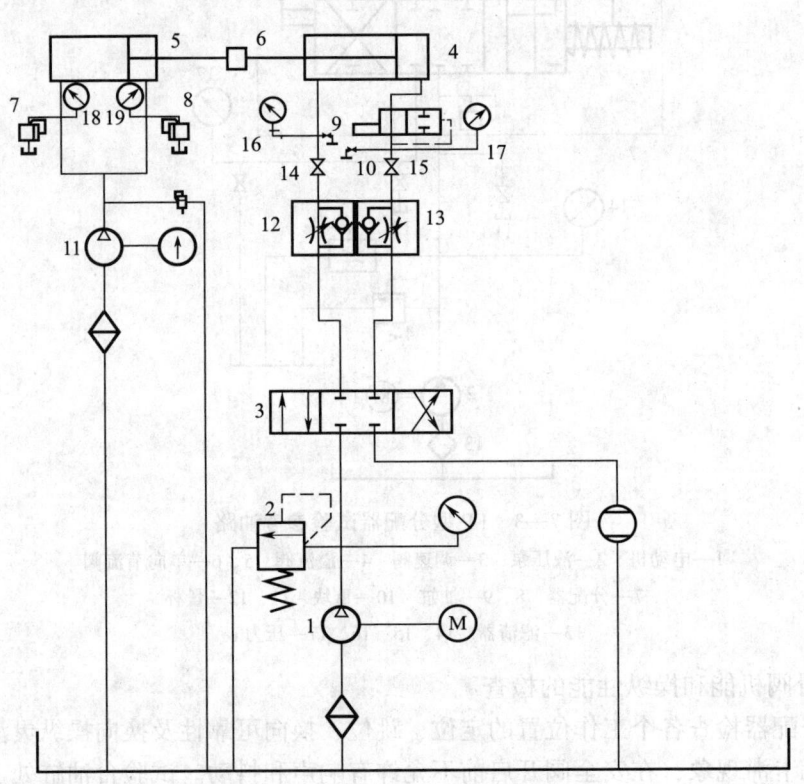

图 7—4　YG 型油缸试验参考油路

1—液压泵　2、7、8—溢流阀　3—三位四通换向阀　4—被试油缸　5—工艺油缸　6—连接器
9、10—截止阀　11—补油泵　12、13—单向节流阀
14、15—量杯　16、17、18、19—压力表

(1) 试运转

启动液压泵1，调整溢流阀2，使被试油缸4在空载工况下开始运动，再切换三位四通换向阀3，使被试油缸4全行程往复动作数次，分别打开截止阀9和10，排出空气，直到运转平稳后，再使被试油缸全行程往复动作两次以上，观察试运转情况。油缸运动应平衡，不得有外漏、爬行等不正常现象。

(2) 检查最低启动压力

在空载工况下，调整溢流阀2使系统逐渐升压至活塞开始运动，油缸的启动油压可由压力表16或17读出，此压力不应大于3 kPa，此值与油缸的加工精度和装配精度、密封圈的预压量等有关。

(3) 检查内泄漏

与油缸内泄漏有关的地方有两处：活塞杆与活塞配合的静密封处和活塞与缸体配合的动密封处。其中静密封处只要加工和装配无误一般不会发生内泄漏，因此，主要是检查活塞和缸体的密封状况。可采用滴漏法进行检查：将被试油缸4的活塞分别置于油缸的两端和中间位置，调整溢流阀2，使油缸上腔或下腔的压力为100 kPa，分别打开截止阀9或10，用量杯14、15测量内泄漏量。YG—100和YG—110油缸的内泄漏量应分别不大于0.8 mL/min和0.9 mL/min。

(4) 耐压试验

目的是检查油缸在静止状态时，当油液压力为额定压力的1.5倍时，油缸外渗漏情况。试验时使被试油缸分别停于行程两端，调整溢流阀2，使油液压力为150 kPa，保压1 min以上，要求活塞杆、油缸盖、定位阀尾部、输油管以及零件表面不得有外渗漏现象。

(5) 负荷动作试验

目的是检查油缸在满载工况下运动时活塞杆的密封状况。试验时，调整溢流阀7、溢流阀8和溢流阀2，使被试油缸拖动负荷工艺油缸5在100 kPa压力下全行程往复运动20次以上，检查动作是否平衡并观察被试油缸在活塞杆密封的外渗漏情况。当活塞杆向外伸出时，其表面附带一层油膜属正常现象，但此处外漏不得成滴。

(6) 行程调节机构试验

目的是检查定位阀的可靠性与密封性。试验时使被试油缸4的活塞杆完全伸出，将定位卡箍固定到最大行程的1/2处，调整溢流阀7、8和溢流阀2，分别使油缸上下腔建立100 kPa的压力，进行4~5次压降和提升试验。

定位阀移动应灵活无卡滞现象，定位阀尾部和定位阀座处不得有渗漏现象。油缸上腔供油时，当定位阀将油缸下腔油路封闭后，活塞杆移动速度不得大于0.5 mm/min。

五、整机检验

1. 检验程序

(1) 外部检视。从外部检视各总成、附件、仪表等是否装配齐全、正确，连接是否牢固，油、水、电解液等是否加足，并无渗漏现象；灯光、信号和轮胎气压是否正常；各液压管路紧固情况；操纵装置的连接情况及工作装置的紧固情况等。

（2）发动机空转时的检验。

（3）路试。通过车辆的行驶来检查车辆的动力性、操纵性、滑行性能等的恢复程度，并通过察听各部的响声来检验发动机和底盘的工作情况。检验液压系统在工作负荷下有无漏油和工作失灵的现象。

（4）路试后的检验。这是一次全面细致的检查。

2. 技术要求

（1）在额定转速下，修后的拖拉机发动机功率、牵引功率和挂钩牵引力，链轨式拖拉机应达到标准的98%以上，轮式拖拉机应达到标准的95%以上。调速器控制灵活可靠，耗油率符合规定的要求。

（2）用起动机起动，起动力不大于245 N，在3 min内应能够起动。

（3）发动机工作应平稳，不得有窜油、冒烟现象和敲击等不正常噪声。

（4）当油门操纵杆在两个极端位置时，应保证最大供油量和完全停止供油，且发动机转速符合规定。

（5）各部仪表工作正常可靠。

（6）电气系统完整无缺，连接整齐可靠。

（7）各部位应保持绝对严密，当封闭空气过滤器的进气管时，发动机应立即熄灭。

（8）各连接处和水箱、油箱、管道以及进排气管必须清洁畅通，不漏油、漏水、漏气。

（9）主离合器接合平稳，不打滑，能传递全部扭矩，分离彻底。

（10）制动确切灵活，在脚踏板移到全部行程的1/3时，应开始均匀平稳地起制动作用；在20°的斜坡上行驶时，上坡或下坡都能完全刹住不动。制动踏板松放时，制动器能彻底分离。

（11）变速箱变速灵活可靠，变速杆在各排挡位置都能灵活地接合和分离，不得有自动跳挡和掉挡现象。

（12）中央传动齿轮啮合正常，转弯时，不得有不正常的杂音。

（13）转向轻便灵活，不得有杂音或跑舵、跑偏失灵、过涩等现象。

（14）链轨式拖拉机转向离合器，一边完全接合另一边完全分离时，拖拉机应能在原地作360°的转弯。轮式拖拉机方向盘转到极限位置，后轮有一侧制动时，拖拉机能在最小回转半径内作360°的转弯。

（15）各支重轮、驱动轮、引导轮、托链轮、前轮和后轮都应转动灵活。轮胎气压应符合规定。

（16）变速箱、中央传动机构、最终传动、轮毂不得过热。滚动轴承和传动部分转动灵活，不得卡滞。

（17）拖拉机上所有零部件都要清洗干净，不得有锈蚀和油垢。各部螺栓、螺母、垫片、垫圈、锁片、开口销等应安装紧固可靠。零部件和附属装置完整齐全。

（18）液压悬挂装置应操纵灵活，工作可靠，能提起规定的提升质量。

（19）驾驶室、发动机盖、车门和前后灯、信号灯、仪表灯、转向指示灯、侧板、翼板都整洁和完好。

机器维修后质量检测

（20）驾驶室玻璃应明亮完好，驾驶室门窗应能开关自如，牢固可靠。
（21）燃油箱不得有渗漏现象。
（22）牵引装置应完整无缺，不得有弯曲变形现象。牵引钩和插销牢固可靠。
（23）各部所用润滑油应按规定注入。
（24）修后的拖拉机应喷漆，漆层应光泽均匀。

第 8 单元

维修设备的使用与维护

□ 第一节　主要修理设备工作精度检验/150
□ 第二节　主要测试仪器检查修理与校准/151

第一节 主要修理设备工作精度检验

一、立式金刚石镗床工作精度检验

1. 检验项目

（1）镗孔精度。

（2）镗孔中心线对制件底面的垂直度。

2. 检验方法

在硬度为 160~180HBW 的铸铁制件上镗削二孔，此二孔中心线间的距离须等于 2 倍直径（但不得小于 200 mm），镗孔深度须等于（或大于）3 倍直径。试样在安装前其底面须精加工，用内径百分表检验所镗各孔的圆柱度和圆度，其圆度允差为 0.005 mm，圆柱度允差在 300 mm 测量长度上为 0.01 mm。用检验棒、90°角尺及千分垫检验各孔中心线对制件底面的垂直度，其精度允差在 300 mm 测量长度上为 0.02 mm。

二、曲轴磨床工作精度检验

1. 检验项目

试件精磨后的几何精度。

2. 检验方法

将试件装夹在机床上进行轴颈精磨，精磨后用千分尺检验。圆度、圆柱度允差均为 0.01 mm，表面粗糙度为 $Ra1.6\ \mu m$。

三、镗瓦机工作精度检验

1. 检验项目

（1）镗主轴瓦

1）镗孔的圆柱度。

2）镗孔的圆度。

3）镗孔的表面粗糙度。

（2）镗连杆瓦

1）镗孔的圆柱度。

2）镗孔的圆度。

3）镗孔的表面粗糙度。

4）连杆瓦轴线与连杆活塞销铜套孔轴线的平行度。

2. 检验方法

用千分尺进行检验，主轴瓦镗孔的圆柱度、圆度允差均为 0.015 mm，表面粗糙度为 $Ra1.6\ \mu m$；连杆瓦镗孔的圆柱度、圆度允差均为 0.01 mm，表面粗糙度为 $Ra1.6\ \mu m$；连杆瓦轴线与连杆活塞销铜套孔轴线的平行度在 100 mm 长度上允差为 0.03 mm。

第二节 主要测试仪器检查修理与校准

一、SG115M 型水力测功仪检查校正（见表 8—1）

表 8—1　　　　　　　　SG115M 型水力测功仪检查校正表

检查部位	检查项目	检查校正方法
制动轴	水平度	用百分表进行检测
秤锤机构	刻度盘准确性	先在制动鼓两侧凸耳上，固定带有秤盘的杠杆（应保证指针仍指"0"位），然后在秤盘内逐渐增加砝码，检查刻度盘指针读数是否与所加砝码质量一致

二、废气分析仪检查调修与校准（见表 8—2）

表 8—2　　　　　　　　废气分析仪检查调修与校准表

检查周期	检查部位	检查要领	调修方法
使用前	指示仪表	通电前，检查仪表指针是否在机械零点上	指针失准，可用零点调整螺钉调到零点
	流量计	把导管从测量仪上的废气入口处拔下来，用手把废气入口挡住，检查流量计工作情况	不能正常工作时，要由专人进行修理
	取样头和导管	检查有无压扁、破裂、堵塞、脏污等情况	压扁、破裂时更换新件，脏污、堵塞时用布条或压缩空气清洁
	滤清器	检查脏污情况	脏污时，应更换滤芯
	水分离器	检查积水量	有积水时，取下排尽、清洗
	校准装置 （1）标准气体校准装置 （2）简易校准装置	通电后，预热分析仪，使分析仪吸进新鲜空气，检查仪表指针能否调到零点 关掉泵开关（有"校准、测量"转换开关的，扳到"标准"侧），灌入标准气样，检查指针是否能调到标准位置（按厂家规定校准间隔周期进行） 接通简易校准开关，检查工作情况及仪表指针位置（应对准刻度线）	无法调到零位，要由专人进行修理 HC 分析仪的标准气样为丙烷，故应按下式计算校准的标准值： 校准的标准值 = 标准气样浓度 × 换算系数（见铭牌，一般为 $0.472 \sim 0.578$） 无法调整时，应请专人进行修理
	各种导线	检查有无因损伤引起的接触不良的部位	有接触不良或断线处，要焊好或更换
一年	接受有关部门的校定		

三、烟度计检查调修（见表8—3）

表8—3　　　　　　　　　　　烟度计检查调修表

检查周期	检查部位	检查要领	调修方法
使用前	指示仪表	通电前，检查仪表指针的机械零点	仪表失准，可用零点调整螺钉使指针与100%的刻度重合
		通电后，进行必要的预热，用标准色纸检查仪表指针是否符合污染度数值	不能调整时，清扫检测装置，更换规定的灯泡
	取样头和导管	检查有无压扁、破裂、堵塞、污染等	有压扁、破裂时，换新件；有污染、堵塞时，可用布条或压缩空气进行清洁
	压缩空气调节器	检查控制压力	按规定的压力调整
	空气吹洗机构	检查空气吹洗机构的工作情况	如不动作，检查空压机压力表和测量装置上的气压调节器
	吸气泵和脚踏开关	检查动作情况	动作不灵活，请专人修理
	滤纸送给机构	检查有无滤纸和动作情况	无滤纸时，进行补充；动作不灵活时，进行修理
	各种导线	检查有无因损伤引起接触不良的部位	有接触不良或断线的导线，要焊好或更换
一个月	检测装置	检查污染和变形	有污染时，应清洗；有变形时，应更换新件
一年		接受有关部门的校定	

四、制动试验台检查调修（见表8—4）

表8—4　　　　　　　　　　　制动试验台检查调修表

检查周期	检查部位	检查要领	调修方法
使用前	指示仪表	使滚筒在无负荷状态下运转，检查仪表指针的零点	指针若不在零位，用零点调整螺钉将指针调到零点
	滚筒	检查有无油、泥、水等杂物	如有，要清除干净
	齿轮减速器和缓冲器	检查润滑油的油量	若不足，按厂家规定品种补足
	举升器的操纵机构和空气压缩机	检查举升器动作情况；有无漏气部位	动作阻滞或有漏气部位时，解体清洗、润滑，并消除漏气现象
		检查空气压缩机的滤清器及润滑油量和脏污情况	脏污时，清洗滤清器；油量不足时，按厂家规定品种补足
	各种导线	检查有无因损伤引起接触不良的部位	有接触不良或断线的导线，要焊好或更换

续表

检查周期	检查部位	检查要领	调修方法
六个月	齿轮减速器和空气压缩机	检查润滑油量及脏污程度	如脏污，按规定品种更换
	链条	拆下链条罩，检查链条脏污和松紧情况	如脏污，清洗润滑，链条伸长时，应予更换
	三角带	检查脏污、松紧和损伤情况	如脏污，应清洗，并重新调整松紧度，如损伤，应予更换
	滚筒和滚筒轴承	检查滚筒在运转时，有无异响和损伤	有异响或损伤时，修理。按标准规定品种注入润滑脂
一年	接受有关部门的校定		

五、侧滑试验台检查调修（见表8—5）

表8—5　　　　　　　　　侧滑试验台检查调修表

检查周期	检查部位	检查要领	调修方法
使用前	试验台及周围	检查有无机油、石子、泥污等杂物	如有，要清除干净
	指示仪表	通电前，检查仪表指针的机械零点	指针若不在零位，用零点调整螺钉将指针调到零点
		通电后，左右拨动滑板，待滑动停止后，检查仪表指针是否回到零位	指针若不在零位，用零点调整螺钉或零点电位将指针校准到零点
	各种导线	检查有无因损伤引起接触不良的部位	有接触不良或断线的导线，要焊好或更换
一个月	报警装置（定性显示装置）	用规定值（5格刻度）检查蜂鸣器及信号灯能否发出信号	蜂鸣器、灯泡、限位开关等有故障时，要调修或更换
两个月	连杆机构和回位装置	检查动作情况和滑动板是否回位	动作阻滞时，进行清洗、润滑，如回位不彻底，应调紧回位弹簧
	指示装置	检查L形杠杆和指针的动作情况	如动作阻滞，应进行清洗、润滑
三个月	滚轴、轨道及滑动板	拆下滑动板，检查各部位有无脏污、变形、松动、锈蚀、磨损等情况	对这些部位分别进行清洗、紧固、润滑，破损件应更换
一年	接受有关部门的校定		

六、前照灯检测仪检查调修（见表8—6）

表8—6　　　　　　　　　　前照灯检测仪检查调修表

检查周期	检查部位	检查要领	调修方法
使用前	指示仪表	切断光轴光度转换开关（相当于不受光状态），检查光度计和光轴偏斜指示计的指针的机械零点	指针若不在零位，用零点调整螺钉将指针调到零点
	聚光透镜和反射镜	检查镜面有无污垢、模糊不清	有污垢时，用软布擦净
	水准器	检查有无气泡和气泡位置	如无气泡，请专人进行修理；如气泡位置不对，用调整垫调整
	导轨	检查有无泥土或小石块等杂物	如有，要清除干净
两个月	车轮、支柱和升降台	检查动作是否灵活自如	动作不灵活，除锈、清洗和润滑。如弯曲变形请教专人进行修理
	导轨	左右移动检测仪，检查动作是否灵活	如有弯曲，请专人进行修理
一年	接受有关部门的校定		

第9单元

机械维修企业管理

- 第一节　生产管理/156
- 第二节　质量管理/159
- 第三节　成本核算/160
- 第四节　常用的技术经济指标/162

第一节 生产管理

一、维修作业计划的编制

维修管理中的一个重要环节就是编制维修计划,合理的维修计划有利于合理地安排人力、物力和财力,保证生产顺利进行,并能缩短修理停歇时间,减少维修费用和停机损失。

1. 维修作业计划工作内容

可以分为两大部分:维修作业计划的编制与维修作业控制。它们的内容和相互关系如图9—1所示。

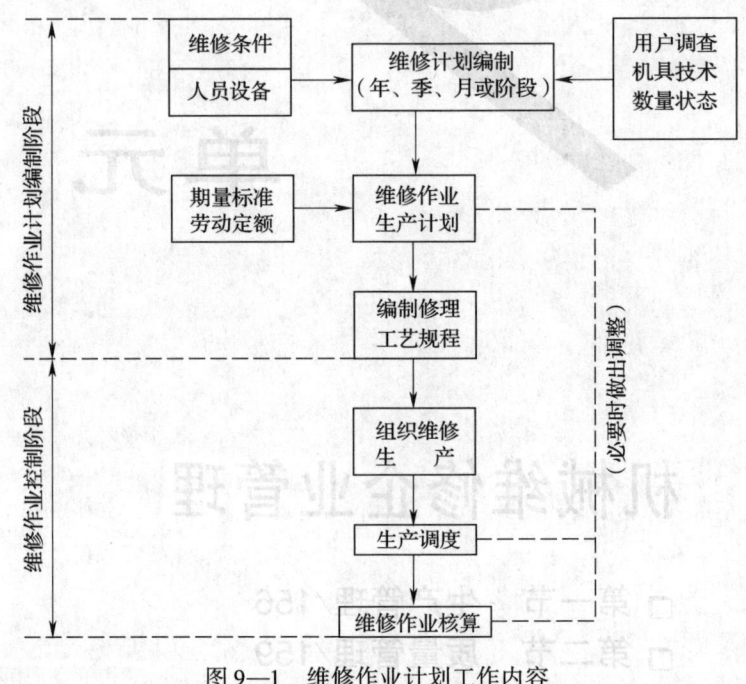

图9—1 维修作业计划工作内容

2. 编制计划的原则

(1) 使各种维修设备的停歇时间达到最少,提高设备利用率。
(2) 使维修人员的停工时间和加班时间达到最少。
(3) 使完成维修生产所耗用的总时间最少,周期最短。
(4) 保证按期完成维修任务。

3. 编制维修作业计划的主要依据

(1) 年(季)度维修计划。维修作业生产计划要确保年度维修计划的完成,因此必须依据该计划对维修车辆、数量、期限的要求来编制维修作业生产计划。

(2) 先进、合理的期量标准和劳动定额。期量标准又称日历标准、期量定额或作业计划标准,是编制维修生产作业计划有关数量与期限方面的标准资料。

二、劳动定额

1. 劳动定额的概念

劳动定额的概念是产品生产过程中劳动消耗的一种数量标准,通常有两种表现形式:一是产量定额,即单位时间内必须完成的产品数量;二是工时定额,即生产单位产品所需消耗的劳动时间。

2. 劳动定额的作用

(1)劳动定额是提高劳动生产率的主要工具。提高劳动生产率的主要途径是降低单位产品的劳动消耗和提高工时利用率。劳动定额明确规定了工人在一定时期内应完成的生产任务,把企业提高劳动生产率的具体任务落实到每项工作和每个工人。

(2)劳动定额是科学地组织生产,改进企业计划工作的依据。劳动定额与各项生产指标有密切联系,在计划工作中是安排劳动力,确定生产进度,保持各生产环节平衡,科学地制定期量标准的主要依据。

(3)劳动定额是实行目标管理,推行经济责任制的基础数据。

(4)劳动定额是推广先进经验,组织开展劳动竞赛和进行评比的工具。

3. 劳动定额的制定

定额时间一般包括作业时间、准备与结束时间、布置工作地时间、休息和生理需要时间。劳动定额的制定要求迅速及时、准确合理,保证定额的先进合理水平,同时在制定范围上要完整齐全。常用的定额制定方法有经验估工法、统计分析法、类推比较法、技术测定法等。

(1)经验估工法是由定额制定人员、技术人员和工人相结合,根据有关技术资料,凭借生产经验估计工时消耗。这种方法简单易行,工作量较小,但科学性、准确度较差。为了提高定额工作质量,要广泛听取意见,反复验证,尽可能地将工序或作业细分成若干小单元,分别估计工时。同时,要全面地分析影响时间消耗的因素。

(2)统计分析法主要根据历史统计资料,分析历史和现有的工艺、技术条件和组织条件。在对历史资料适当调整后,就可以用不同方法制定不同水平的定额。通常,可把劳动定额分为平均定额、先进合理定额、平均先进定额、最高定额四个层次。

(3)类推比较法是以现有的定额作依据,经过对比分析,推算出另一种工序的定额。

(4)技术测定法是在分析技术条件的基础上,设计合理的工序结构及程序,拟定合理的操作方法,然后通过实地的时间测定或通过计算来制定定额的方法。

三、维修作业的准备工作

维修作业的准备工作是维修企业实现生产作业计划的重要条件。维修作业准备工作的具体内容,包括以下几个方面:

1. 技术文件的准备工作。技术文件的种类主要有:

(1)大修理技术档案。

(2) 工艺文件，如工艺规程、工艺卡片等。

(3) 修理设备、检测仪器使用维护说明。如产品使用说明书、产品检修保养说明书等。

2. 修理设备的检修与调整。

3. 修理工具和动力的供应准备工作。

4. 劳动力的配备与调整。

5. 备品、备件的准备。

四、维修设备管理

1. 设备的全面管理

设备的全面管理是指全系统、全过程、全体人员参加的管理。

从设备整个生命过程看，全面管理就是对从设备选型、订购开始，到包括设备的验收、安装、使用、维修、改造、更新整个生命过程，实行系统的管理。

从人员参与范围看，由于生产系统中的全体人员都或多或少地与设备整个生产过程的某个阶段管理有关，因此，设备管理必须全员参与、全员重视才能搞好，这就是全员的设备管理。

2. 设备管理主要技术经济指标

(1) 设备完好率是设备完好程度的一个比率，计算公式为：

$$设备完好率 = \frac{设备实际开动台数/时数}{生产设备总台数} \times 100\%$$

(2) 设备利用率是指生产设备在数量、时间、能力等方面利用程度的指标，是评价设备投资效果和综合效率的经济指标。计算公式为：

$$设备利用率 = \frac{设备实际开动台数/时数}{设备实开动台数/时数 + 故障停机台数/时数} \times 100\%$$

3. 设备维修

维修内容包括以下几个方面：

(1) 维护保养

维护保养的内容是保持设备清洁、整齐、润滑良好、安全运行，包括及时紧固松动的紧固件，调整活动部分的间隙等。维护保养依工作量大小和难易程度分为日常保养、一级保养、二级保养等。

(2) 检查

检查是对设备运行情况、工作精度、磨损或腐蚀程度进行测量和校验，以便改进维修保养，做好修理前的准备工作，以提高修理质量、缩短修理时间。检查按时间间隔分为日常检查和定期检查。

(3) 修理

修理按设备需分解的程度与工作量大小，可分为小修和大修。小修是针对性修理，大修是把设备完全分解的修理。

第二节 质量管理

一、维修质量管理机构

因企业大小不同,不可能有统一的格式,现推荐一种机构供参考:

1. 由正厂长直接抓质量工作。
2. 设厂级质量领导小组(或质量管理办公室),负责领导、组织和协调各职能部门的质量工作。领导小组(或办公室)组长(或主任)由行政一把手兼任,成员包括各职能部门负责人。领导小组要定期例会,听取各部门的质量工作汇报,讨论、研究后一个阶段的工作方针,解决质量工作中的重大问题。
3. 质管办下设质量管理科(组),负责日常的质量管理和检查工作,贯彻质量领导小组的质量方针,处理一般质量问题。
4. 要设置专职检查员,负责质量检查工作。专职检查员由质量管理科(组)领导。
5. 车间主任负责本车间质量工作,生产班组长负责本班组质量工作。车间主任要根据质量情报,定期或根据情况随时召集班组长会议,研究解决本车间的质量问题。

二、维修质量的控制与监督

1. 维修配件的质量

控制配件质量是影响维修质量的关键性因素。因此,抓好配件质量,对于提高机器的维修质量,将产生事半功倍的作用。

(1) 选择最好的供应单位

衡量一个好的配件供应单位的标准是:能提供质量好的配件;能及时地供应配件;能按正确的数量供应配件;能保持低的有竞争力的价格;能提供好的服务。凡符合上述标准,均在选择之列。

(2) 配件的质量检验

维修企业接收外购配件时,必须进行检验,以确保进厂配件符合质量标准。

2. 维修过程的质量控制

(1) 以日常预防为主的维修过程质量控制

首先制定正确的工艺标准和完整详细的作业规程,使操作者在作业过程中有章可循。其次是进行经常性的工序质量分析,随时掌握工序质量的现状及动向,以便及时发现和纠正偏差,使工序质量始终处于可以控制的稳定状态。

(2) 关键工序的质量控制

对后续工序质量影响大的工序,与机器主要性能、寿命、安全性有直接关系的工序,质量不稳定、返修率高的工序,经试验或用户使用后反馈意见大的工序均属关键工序。针对维修作业过程中的关键工序,建立重点控制的管理点,对影响质量的诸因素进行深入分析,展开到可以直接采取措施的程度,然后对展开后的每一因素,确定管理手段、检验项目、检验方法并指定专人负责。通过关键工序的重点管理，整个维修作业的维修质量将得到改善。

（3）维修过程的质量检验

检验是控制维修质量的重要手段。在维修过程的各个阶段，都必须安排相应的质量检验。通过检查验收，做到不合格的备件不使用，不合格的作业不转工序，不合格的总成不装配，不合格的整机不出厂。总成或整机装配的末道工序是检验的重点，应由专人把关。实行自检、互检和专职人员检验相结合的制度，发挥每个人的积极性，形成全员管理质量的局面。

（4）维修质量信息管理

质量信息的收集、记录、统计、分析、传递、反馈等项工作是根据如图 9—2 所示的维修质量信息反馈系统按照一定的路线和程序完成的。这个系统既包括维修系统内的质量信息反馈，又包括用户对维修系统的质量信息反馈。反馈循环不止，维修质量在循环中不断得到改善和提高。

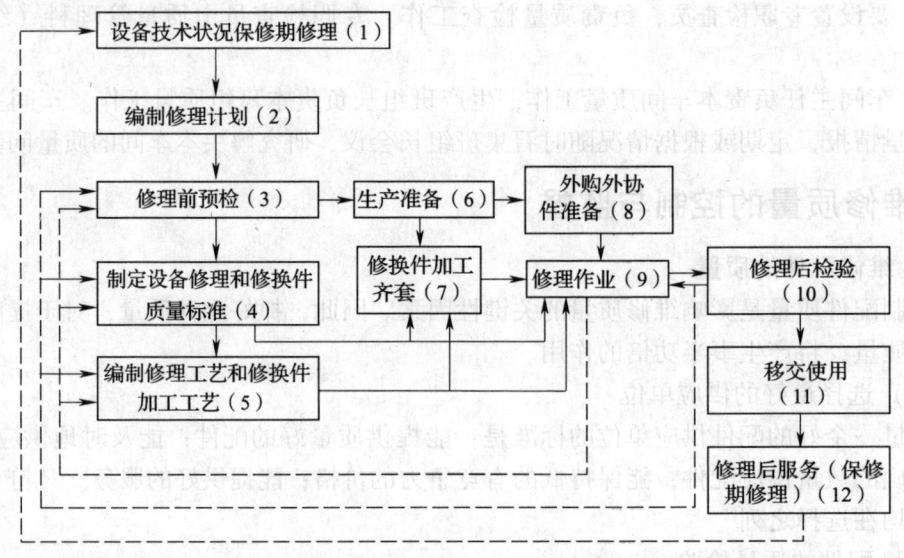

图 9—2　维修质量信息反馈系统

（5）维修后质量监督

为了明确维修质量的责任，维护用户的合法权益，除在企业内部建立严格的检验制度外，广泛的社会监督也是必不可少的。因此，要进行用户调查、跟踪服务，在服务过程中发现维修过程中存在的问题，及时予以纠正和改进。

第三节　成本核算

一、基本概念

1. 成本是指企业在一定时期内为生产一定产品（或劳务）所支出的各项费用总和。

2. 成本核算是对企业生产经营活动中发生的全部费用和产品成本的形成，按照规定的程序和方法进行审核和计算。成本核算是成本管理各项工作的基础。

二、维修成本构成与计算

维修成本是指为恢复机器原有性能所耗费的活劳动和物化劳动的货币表现。它由材料费、能源消耗费、人工费、固定资产折旧费、管理费、资金占用费等组成。

1. 材料费包括维修作业过程中所耗用的各种原材料、油料、辅助材料、修理用备件等，可直接计入该产品的成本。凡几种产品共同耗用的材料，应按一定标准在各产品间分配后，再分别计入各有关修造产品的成本中。

2. 能源消耗费包括作业过程中所消耗的各种能源费用之和。

3. 人工费是指直接参加维修作业生产的工人工资及按一定比例提取的附加费。

4. 固定资产折旧费是指进行生产的固定资产在使用年限内，因有形和无形损耗减少价值，转入成本后形成的费用。计算公式为：

$$F_{zn} = \frac{Z_{gy} - Z_{jc}}{T_n}$$

式中 F_{zn}——固定资产折旧，元/年；
  Z_{gy}——固定资产原值，元；
  Z_{jc}——固定资产净残值，元；
  T_n——固定资产使用年限，年。

其中

$$Z_{jc} = Z_{ca} - F_q$$
$$Z_{ca} = Z_{gy} R_{ca}$$

式中 R_{ca}——固定资产残值率；
  F_q——固定资产清理费，元。

5. 管理费是指管理和组织生产中所发生的费用，包括非生产人员的劳动报酬、办公费、属于共同使用的间接性固定资产提取的折旧费、修缮费、低值易耗品消耗费、材料盘亏费、差旅费、保险费、工商管理费、年检费等。

6. 资金占用费是指农机修理过程中因占用资金而形成的费用。计算公式为：

$$F_{zh} = \frac{(Z_{zy} + Z_{ld} + Z_{dy})}{365} T_1$$

式中 F_{zh}——资金占用费，元；
  Z_{zy}——自有固定资金折旧余额，元；
  Z_{ld}——自有流动资金平均余额，元；
  Z_{dy}——贷款平均余额，元；
  T_1——计算期天数。

三、降低机器修理成本的途径

影响机器修理成本的因素很多，归纳起来有外部因素和内部因素两个方面。外部因素有机器的价格、质量、零配件、修理材料等的供应及价格水平等。但是，在外部因素不变的情况下，主要从企业内部寻找途径以降低修理成本。

1. 控制材料的消耗

要健全材料的入库、领用和退料手续，加强材料的检验制度，努力采用和推广新材料，开展材料的节约代用和综合利用。

2. 控制劳动消耗

要重视职工的文化技术培训，提高劳动生产率，严格控制实际的工时消耗和非生产人员的增长，合理安排劳动力，充分发挥各类人员的劳动积极性。

3. 控制各类费用支出

对各项费用要逐项按计划、预算进行控制，严格审批制度，厉行节约，杜绝铺张浪费。

4. 控制固定资产的合理购置，加强维修和提高利用率

要健全预检修和定期维修制度，使各项固定资产经常处于完好的状态，提高修理设备的利用率。

5. 控制质量成本

优化的质量成本应该是合理增大预防性质量成本支出（如技术培训、上岗培训、开展质量控制小组活动等），减少返修、废品等损失。

6. 控制维修生产周期和维修数量。

第四节 常用的技术经济指标

一、概念

1. 指标是一个数量概念，它是综合反映客观对象特征的数量表现，由指标名称和数值组成。
2. 技术经济指标是指用来反映技术经济效果大小的指标。

二、一般指标

一般指标是指企业现存实物指标的统计数字，它是核算指标的基础。其内容包括：
1. 员工数量及年工资总额。
2. 年修车台数及年产值。
3. 修理设备、检测仪器总数与能源耗费。
4. 修理车间厂房面积。它与修车数量进行比较，可以看出厂房利用情况。

三、核算指标

1. 资金是以货币形式来计量生产资料数量和工资与其他杂费数量，构成了企业资金。

修理企业资金可分为两部分，固定资金和流动资金。固定资金的实物形态是固定资

产，它又分为生产用固定资产和非生产用固定资产。流动资金是在生产过程和社会流通过程中，各种流动着的物质资料所占用的资金。如修理拖拉机用的原材料和配件的购置，员工的工资和工厂其他杂费都要从企业流动资金中开支。

2. 修理成本是以货币形式表现的修理生产过程的总耗费，是综合反映修理企业生产经营各方面工作质量的一项指标，是制定修理收费标准的重要依据。

3. 利润是指修理企业修理出的产品收费和修理成本之间的差额。

4. 劳动生产率是指劳动者在单位时间内生产产品的数量或产值。

通过技术经济指标的核算，可以促使企业在生产经营活动中，以最少的劳动消耗，取得最大的经济效益。